一反（300坪）の雑穀畑×未来食で

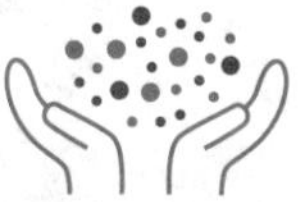

年収1000万超えの楽々田舎暮らし

畑と食卓をつなぐ！雑穀栽培体験ネットワーク代表
岩崎信子
×
未来食つぶつぶ創始者
大谷ゆみこ

ヒカルランド

畑へおいで！

１反（300坪）の雑穀畑があれば、
家族１年分の雑穀が自給できる
食・農・お金の循環も回りだす！

たわわに実った埼玉在来もちアワ

受粉の準備が始まったアワ。アワの花には花びらはない。
「えい」と呼ばれる殻（包葉）の先端から
大きさわずか１ミリほどの、雄しべと雌しべが顔を出す。
茶色く見えるのが雄しべで、白いのが雌しべ。
雄しべの花粉が風で飛ばされ、雌しべに付いて受粉し、実を結ぶ。
（撮影：伊藤弥寿彦）

春の苗植え

一粒万倍《いちりゅうまんばい》の生命力が弾ける雑穀たち

夏の草刈りもみんなでやれば楽しい！

雑穀栽培体験教室の仲間たちと

今年も豊作！　収穫の喜びでいっぱいの秋

広いテラスに干された、収穫済みの雑穀の穂。個性豊かな穂を眺めながらのつぶつぶランチは最高！　どれも大切な種です

埼玉在来もちアワの脱穀作業。１本１本手で脱穀する

つぶつぶ農法なら、大型機械がなくても雑穀栽培ができる

いのちのアトリエ（山形県小国町）

子どもも大人も、好きなことをして、
大自然の中で遊びながら暮らしを学ぶ

未来食つぶつぶ創始者・大谷ゆみことパートナーの郷田和夫。「何もないところでどこまで生活できるかやってみよう」と、無人の地に飛び込んで、イチからこの場を築いた

雑穀とお野菜でいっぱいの食卓。いただきます！

未来食つぶつぶはお料理の大冒険
和・洋・中、スイーツ…雑穀と野菜で何でも作れる！

海外にも広がるつぶつぶ料理の輪。オーストリアでの出張教室にて

もちキビの粒。一粒一粒に無限の生命パワーが宿る

青空の下、アーシング。埼玉県小川町の岩崎家ログハウス前で

岩崎一家。家族４人で力を合わせて理想の田舎暮らしを築いてきた

環境再生医・矢野智徳氏の弟子、大地の再生関東甲信越代表・佐藤俊氏による「大地の再生」講座は８年目。畑に水脈や風の通り道を作ることで、循環がよくなり、さらに豊かな実りをもたらす（絵：渡部由佳）

地球とふれあい、
雑穀のエネルギーに満たされると、
ゆるぎない自分が育っていく

大地に、心に、種を蒔こう！
畑はいつでもあなたを待っています

はじめに

岩崎信子

土に触れる暮らしを始めよう！
大地のエネルギーを浴びながら
食と農のつながる暮らしを楽しもう！
大地に心に種を蒔こう！
自然に即した豊かなお金の循環（エコノミーとエコロジー）を生み出そう！

本を手に取ってくださってありがとうございます。

私は2006年に有機農業の里・埼玉県小川町に移住し、10種類の雑穀とお米を自給しています。

仕事は、つぶつぶ料理教室「未来食つぶつぶ　畑へおいで！」の運営です。

ログハウスと畑と森に囲まれた広い芝生の庭を拠点に開催する、雑穀の育て方、食べ方を伝える雑穀栽培体験講座と料理教室が大人気。
料理レッスンや栽培体験講座、食や生き方のセミナーをこれまで通算700回以上開催してきました。

2010年にトライアルで始めた「雑穀栽培体験×つぶつぶ料理レッスン」が人気を呼び、駅からも遠い交通不便な私の教室には、今、月に100人、年間1200人が全国から通ってきます。

数えてみたら、これまで延べ8000人の方が参加してくれたことがわかり、自分でも驚いています。

結果、私だけで楽々年収1000万円の田舎暮らしを実現しています。

夫は別の仕事を持っていますが、芝生の手入れや田んぼでの米作りは一緒に楽しんでいます。

今では成人した息子たちも加わって家族ぐるみでの運営が実現しつつあります。

17年間雑穀を栽培し、料理教室を運営し、12年間「雑穀栽培体験講座」を運営して、夢中で楽しんできた私の生き方、暮らし方、働き方が田舎での仕事創造のモデルとしても注目を集め、全国から取材や問い合わせが殺到しています。

国際雑穀年の今年2023年は、「雑穀栽培体験講座」の上位版、家族が1年間暮らせる量の雑穀を育てることを目的とした「本気で自給したい人のための雑穀栽培講座」をスタートしましたが、あっという間に満席になりました。

私は1963年生まれ。
オートバイで日本一周一人旅が趣味でした。
女性ライダークラブのリーダーを15年間務めて、世界一過酷なラリーに参戦。
パリ・ダカールラリーにチームマネージャーとして参戦しています。
体力には自信がありました。

子どもが生まれてから、夫と共に田舎暮らしを模索していた私は、起き上がれないほどの体調不良に悩まされるようになっていました。
幸運にも、2003年に日本生まれの食システム「未来食つぶつぶ」に出会い、みるみる健康と気力を回復、家族で食と暮らしの大転換をしました。

一人ではできない量の雑穀を育てていますが、でも農家ではないんです。

それでも、未来食つぶつぶを土台にした食生活に切り替えれば、これだけで自給していくことができるよ、経済を回していくことができるよということをお伝えすることが私のライフワークになりました。

そして、もう一つ、すべての生きとし生けるものが、この地球の大気と水と大地の循環の機能を損なうことなく暮らしていることが、生活の糧であることを、大地の再生の水脈と〝杜〟の視点から学びました。

田舎暮らしを夢見るあなたに、こんなに楽ちんで楽しくて豊かな実現の方法があることを伝えたくてこの本を書きました。

種を持ち、その育て方を体験し、
そして美味しく食べる方法を伝えること、
それが私のライフワークです。

暮らしを変えたい‼
自分を生かす生き方をしたい‼

自然とつながる暮らしがしたい!!
そうした方のために、つぶつぶ料理教室と雑穀栽培体験講座も運営しています。

この本の第1部では、私、岩崎が、農で豊かな生活を実現するまでの歩みを、第2部では、未来食創始者の大谷ゆみこさんが雑穀や日本の食文化の可能性をお伝えします。
本書があなたの人生の新たな扉を開くきっかけとなれば何よりの喜びです。

目次

第2部　未来食つぶつぶ×雑穀栽培で食と経済の主権を取り戻す

大谷ゆみこ（未来食創始者）

第3部　つぶつぶ雑穀みらくる対談Session!
——食と農で人生を変える!
雑穀で目覚める日本人の無限大∞豊かさパワー

岩崎信子×大谷ゆみこ

第1部

一反（300坪）の雑穀畑×未来食で豊かに経済を回せるちゃっかりライフスタイル

岩崎信子
（「未来食つぶつぶ 畑へおいで！」主宰／畑と食卓をつなぐ！雑穀栽培体験ネットワーク代表／つぶつぶマザー）

こんにちは、つぶつぶマザーの岩崎信子です。
みなさんは、どのようなきっかけでこの本を手に取ってくださったのでしょうか？

雑穀の栽培に興味があるから。
未来食つぶつぶの料理を実践しているから。
脱サラして農業をしながらの田舎暮らしを目指しているから。

どのような目的であれ、私の経験がみなさんの夢実現に役立てば幸いです。

私は埼玉県小川町で1反（約３００坪）の雑穀畑を耕しながら、雑穀をたっぷり使ったつぶつぶ料理教室を開催したり、雑穀の栽培体験を開いたりして暮らしています。

農的暮らしには、食の自立が必須科目でした。
自家栽培の野菜や米を食べて、豊かに暮らす。
種を蒔き、育て、収穫する。

未来食つぶつぶに出会い、いのちを守る食の知恵と技を得たことで、大地とつながる暮らしを実現し、のびのびと自信を持って豊かに暮らす今があります。

地域で採れた野菜や穀物の美味しさを最大限に味わい尽くす料理術で、健康は当たり前の心豊かな暮らしを満喫しています。

私が実現した大地と循環する暮らしの知恵と技を分けることで、豊かな経済循環も実現しています。

ひと家族が5アール（約１５０坪＝５００平方メートル）の田んぼを借りて、お米作りを始めれば、４人家族１年分のお米を自給することができます。

これが、今の日本を変える鍵だと思っています。

この第1部では、私が17年間雑穀を栽培し、そして12年間、雑穀栽培体験講座を開催して、ついには年収１０００万円を実現するまでのプロセスと、未来食を学び実践してきた経験から得た喜びや畑での出来事をお伝えします。

2014年　つぶつぶマザーとして活動開始
４月「雑穀で世界に光を@小川町」大谷ゆみこ氏講演会主催（100人参加）
自宅の工場で講演会
自宅の庭で、つぶつぶ料理100人でパーティー
パーマカルチャー講師を呼んで、アースオーブンを庭に作る
１泊２日を４回、のべ124人が参加

2015年　４月　田んぼ１反３畝＋もう１枚借りて米作りスタート
５月　つぶつぶ農法セミナー受講
１年を通して新潟関川村に通い雑穀栽培を学ぶ
(そこで教わったことを小川町で伝えるため)
つぶつぶ料理教室スタート

2016年　２月　大地の再生・水脈作りスタート
下の畑の周りに大きく水脈を作る

2017年　雑穀の収穫15キロ

2018年　雑穀の収穫48キロをつぶつぶに出荷

2019年　大地の再生・畑の真ん中に大きく水脈を作る
雑穀栽培体験１年コースとして料理教室とコラボスタート
売上660万円　前年比1.5倍

2020年　コロナ禍　売上760万円　前年比1.1倍

2021年　売上920万円　前年比1.2倍

2022年　売上1100万円　前年比1.2倍

2023年　国際雑穀年
本気で自給したい人のための雑穀栽培講座スタート！

＼雑穀畑×未来食で年収1000万円超え達成までの歩み／

2003年　つぶつぶ料理と出会う
いのちのアトリエオープンデー（夏）に参加
「こんな暮らしがしたい！」と思い立つ

2005年　第１回　無農薬で米作りから酒造りを楽しむ会（小川町）に練馬区から参加
年７回のイベントに子どもを連れて練馬区から小川町に通う

2006年　小川町に移住
雑穀の種を蒔きはじめる
家の横の２ｍ×５ｍの小さな畑からスタート
第２回　無農薬で米作りから酒造りを楽しむ会スタッフとして参加
（第３回からは、事務局を務め現在に至る。2023年は第19回開催予定）

2007年　家族と仲間で米作りを始める（５畝＝５アール＝150坪）

2010年　雑穀の種まきから調整を楽しむ会を始める
（参加費無料。農作業を手伝ってもらう＝援農という形）

2011年　3.11東日本大震災

2012年　体調を崩す
２月　未来食セミナー受講
５月　雑穀畑が広がる（家の下の畑・２反）
12月「311から未来へ@小川町」大谷ゆみこ氏講演会主催（130人参加）

2013年　１月　天女セミナー2013受講
「言葉にすると叶う」を実感する
上の畑を借りる→今では７アールの雑穀畑に！
天女レッスン受講

これらの私の体験を通して、

＊気づき
＊未来への希望
＊次にやるべき一歩

を手に入れていただけたらと思います。

「お家に帰ってすぐに雑穀の種を蒔きたい！」と思うような気持ちになっていただけたら嬉しいです。

豊かな循環を生んだ、雑穀栽培体験×つぶつぶ料理レッスンという「カタ」

最初に私の自己紹介をさせていただきます。

私は1963年生まれ。

現在は、池袋から電車で1時間ほどの有機農業の里、埼玉県小川町で、雑穀を中心に食と農が循環する暮らしを築き、皆と分かち合う場づくりをしています。

小川町に移住してきたのは、2006年のこと。

我が家は農家ではありませんが、地元の方々から教えを受けながら農業を学び、今では10種類の雑穀とお米を自給しています。

食べきれない分の雑穀は、生産者として出荷もしています。

農業とともに取り組んでいるのが、つぶつぶマザーとしての活動です。

つぶつぶマザーとは、未来食の学びを修め、みずからもつぶつぶライフを生きることを楽しみながら、自宅を拠点にそれぞれの才能と個性を生かしてつぶつぶ料理を伝えることを仕事にする講師のことです。

私が主宰する教室の名前は「畑へおいで！」。

ここで開催した料理教室や未来食セミナー、天女セミナー（新たな時代の女性性を学ぶ講座）は通算７００回以上、受講生も延べ８０００人を超えています。

種を持ち、その育て方を体験し、そして美味しく食べる方法を伝えること、それが私のライフワークです。

そのため、「暮らしを変えたい！」「自分を生かす生き方をしたい！」「自然とつながる暮らしがしたい！」という方のために雑穀栽培体験講座も運営しています。

私がのんびり田舎暮らしを楽しみながら、年収1000万円超えを達成できたのは、この「雑穀栽培体験×つぶつぶ料理レッスン」という「カタ（型）」、つまり成功的なビジネスモデルを設定できたからです。

私の教室は、現在では、毎月100人、年間1200人が全国から通ってくださるという大人気の場になっています。

田舎での仕事創造のモデルとしても注目を集めており、数多くの取材も受けるようになりました。

私の雑穀栽培体験講座は今年で13年目になりますが、2022年からは、全国6会場で、同じ「雑穀栽培体験×つぶつぶ料理レッスン」のコラボ講座が開催されるようになりました。

このように、食と農と豊かな経済を回せる幸せな「カタ」が広まっていくのは嬉しいことです。

畑を拠点に、料理教室や栽培体験を提供する。

これは、いったん仕組みができてしまえば、ごく当たり前のことのようにも思えますが、ここに至るまでには、農業にまつわるマインドや常識の大改革が必要でした。

そのことについては、後ほど詳しくお話しします。

ログハウスでの農耕天女ライフ

小川町の我が家をご紹介しましょう。

丘の上に小さなログハウスを建てて、私、主人、息子ふたりの4人で暮らしています。

この家は、

- 風の通りと人の通りの良い家
- ペタペタペタペタと裸足で庭に駆け下り、大地とつながる家

この2つをコンセプトに、主人と一緒に考え

自宅ログハウス前の芝生でアーシング

て建てた家です。ここを見つけるまで5年間、自分たちが暮らしたい場所を探し続けました。

家の前の芝生では、裸足になって寝転んでアーシングもできます。

芝生はいつも、主人がきれいに手入れしてくれます。

ここで家族ぐるみで、料理教室や栽培体験教室を運営しています。


種を蒔き大地と共に暮らし、自分の暮らしを自分で運営できる仲間を増やしたい。

それが今の私の第一の願いです。


土に触れる暮らしを始めよう！

大地のエネルギーを浴びながら、食と農のつながるライフスタイルを楽しもう！

大地に、心に、種を蒔こう！


私は、食と農のつながる暮らしを日本に取り戻すために「農耕天女」と名乗って活動しています。

農業ではなく、農耕。大型機械がなくても、鍬《くわ》とノコギリ鎌だけで始められる農ライフ。農耕はちょうど私の活動にぴったりのサイズなのです。

それでもこれだけ自給して、経済を回していくことができるんだよ。そのことをみなさんにお伝えしたいと思っています。


詳しくは第2部で解説しますが、未来食つぶつぶには次の5つのガイドラインがあります。

1. 心と体においしい食生活
2. 地域自給可能な自立型食生活
3. 生命力を創造する食生活
4. 人と地球を犠牲にしない平和な食生活
5. 生命力に満ちた食べものを命のルールで調理する食のアート

この2つ目の「地域自給可能な自立型食生活」。

これが全国に120会場もあるつぶつぶ料理教室の中でも、私の強みとなっています。

「自立することって、本当に可能なんだよ」

「種を蒔き、そして育てる。食べたければ種を蒔こうよ」

といつも話しています。

その結果が、4つ目の「人と地球を犠牲にしない平和な食生活」の実現にもつながると思うのです。

オートバイに夢中だった青年時代と突然の体調不良……

さて、今では畑にいることが一番幸せな私ですが、若い頃からずっとそうだったわけではありません。

青年時代は、オートバイが何よりの趣味でした。大好きなオートバイにまたがり、テントと寝袋を持って日本一周の一人旅。ピークには1000人いた女性ライダークラブのリーダーを務め、世界一過酷なモータースポーツ競技とも言われるパリ・ダカールラリーにも、チームマネージャーとして参戦。

これが40歳までの私です。みんなから「元気でパワフルな自信に満ちた女性」としたわれていました。

ライダー時代の筆者

でも心の中ではいつも「何かしなきゃ」と焦って、外へ外へと自分の居場所を探していたのです。

そんな私に転機が訪れます。

信頼していた仲間との摩擦が、手に負えないほど拡大し、ぶつけられる言葉に心がつぶれて寝込んでしまいました。

もう聞きたくないと思ったら、耳が聞こえなくなりました。もう話したくないと思ったら、声が出なくなりました。何もできず起きられなくなったのです。

そのことにより、私は「心と体はピッタリと一致している」ということを、身をもって体験しました。

私を救ってくれた出会い――未来食つぶつぶで蘇った心と体

そんな私を救ってくれる出来事がありました。

ある日、たまたま家で取っていた「大地を守る会」の宅配ボックスに「つぶつぶ料理教室」のチラシが入っていました。読んでみると、どうやら雑穀を使った料理をするようです。

そのときは雑穀が何かも知らなかった私ですが、なぜか強く惹かれるものがありました。そこで、東京早稲田で開かれていた、その料理教室に参加したのです。

それが、未来食の師匠である大谷ゆみこさんとの出会いとなりました。

その日は「もちアワの春巻き」をゆみこさんから直接習い、初めて雑穀の「アワ」を食べ、そのおいしさに感動！

驚いたのは、次の朝です。

寝こむほどの状態だった私はくるっと起き上がり、気分爽快になっていました！

私は「雑穀には底知れぬパワーがある！」と確信を得ました。

それからは、ひたすら雑穀ごはんをいただく日々。

そのうちに気分も前向きになり、私は次第に立ち直っていきました。

心と体にはバランスがあるということを初めて知った出来事でした。

安全な食と、自然に囲まれたのびやかな暮らしがほしい！

田舎で暮らしたい、そして安全な食を家族に食べさせたい。

その想いは、実は未来食に出会う前から、ずっと私の胸にありました。

「いつか、湧き水の出るところ、電線のない田舎で暮らしたい」というのは、主人の夢でもありました。

私と一緒で、主人もアウトドアやオートバイが大好き。自然の中に出かけていくのが大好きなふたりだったのです。

１９９９年からは、実際に移住先をあちこち探しはじめるようになりました。

食の安全に取り組むようになったのは、長男出産後のことです。

今28歳で、東京でギタリストとして活躍しながら、ともに私の仕事を運営している長男が、生まれてしばらくしてから喘息だとわかったのです。

先ほどお話しした大地を守る会の宅配を取りはじめたのも、子どもの喘息がよくなるように、できるだけ安全な無農薬の野菜や食品を入手するためでした。

その頃の私にとって、有機野菜は買うものだったのです。


つぶつぶ料理教室で学ぶうちに、ゆみこさん一家が雑穀栽培を営みながら暮らしている山形の拠点「いのちのアトリエ」のことを知りました。

近々、そこで「オープンハウス」が開催されるということを知った私は、もっと未来食を知りたいと思って、すぐに参加しました。

オープンハウスは、いのちのアトリエを開放し、40人ほどが4泊5日を一緒にすごすイベントです。

大人は、暮らしを楽しみ、思いっきり遊び、料理をする。

その背中を見て、子どもたちも自然とお手伝いしながら遊んでいる。

そのときの空気感、居心地の良さ、そしてゆみこさん家族の皆を迎え入れる姿勢、木に包まれる家、すべてが私の心を震わせました。


「あー、こんな暮らしがしたい！」

いのちのアトリエ

私の中で大きな指針ができました。
忘れもしない、2003年夏のことです。

都営住宅からの脱出

自然の中で暮らしたい。
そんな思いが募る私たち一家が当時暮らしていたのは、練馬区の都営住宅でした。
ここには主人との結婚当初から15年も住んでいました。

余談ですが、とてもおもしろいエピソードがあります。
主人はもともとバイクのメカニックをしていたのですが、自分がやりたい撮影の仕事で独立起業するために、結婚と同時に仕事を辞めました。

なかなか思い切った決断だったと思いますが、起業後をバタバタすごしているうちに、そのうち子どもが生まれ、すると一気に家計に入るお金は、私がパートに出ている給料しかなくなってしまいました。

それで、なんと6カ月間家賃も払えない時期があったのです。

「来月はどうしよう……」と心配しながら月末を迎える日々。

都営住宅ですから、そんなに取り立ては厳しくはなく「来月出ていってください」とは言われません。

でも、いよいよ保証人に連絡が行ってしまうというギリギリになって、急に主人の仕事がパッと入るようになって、家賃が払えるようになったのでした。

これにはさすがにハラハラしましたが、でも、収入がほとんどなくても、我が家にはいつも訪れる人がたくさん。とても賑やかで楽しい家でした。

思えば、「お金がなくても、なんとかなる」という根拠のない自信が、その頃から私にはあったのです。

そのようなわけで、練馬での暮らしも決して嫌ではありませんでした。

しかし、山形のいのちのアトリエのような暮らしをしたいと強く願った私は、そこで描いた大きな指針をもとに、主人とふたりの息子と一緒に、さらに熱心に理想の土地探しにはげむようになりました。

移住先を求めて各地をめぐる中で出会ったのが、今住んでいる埼玉県小川町でした。

小川町は、有機農業の里として有名で、数多くの研修生を受け入れ、国内外でも評価の高い自治体です。

とある売地を見つけ、実際に足を運んでみると、まさに理想の土地でした。

道のドン突きにあって、その先には家がない。

電線も１本もない。

水は、湧き水ではないけど井戸水があります。

５年間、探し続けてきて、初めて「ここにしよう！」と主人が決めました。

この場所に小さなログハウスを建てて、家族４人、新たな暮らしをスタートしました。

山形で放った夢は、こうして２００６年に、家族丸ごとの暮らしの大転換という形で叶うことになったのでした。

未来食と米が導いてくれた小川町との出会い

小川町とのめぐりあいの背景にも、未来食がありました。

この町には、未来食を実践している藤澤さん姉妹が暮らしていました。

彼女たちの建てた、いのちのアトリエ仕様の家を見せてもらいたいと訪ねたことがあったのです。

そのとき、藤澤さんたちから、「美味しいランチが食べられるから」と、「有機野菜食堂わらしべ」を教えてもらいました。

お店を訪ねると、置いてあった1枚の小さなチラシが目にとまりました。

それは、小川町下里地区の田んぼで催される「第1回　無農薬で米作りから酒造りを楽しむ会」（米酒の会）のチラシでした。早速家族で応募して、1年間、東京から小川町に通うことにしました。

これがこの町とつながるきっかけとなり、子どもたちと田植え体験を終えた頃、偶然いま住んでいる土地が見つかったのです。

「無農薬で米作りから酒造りを楽しむ会」は、年7回催されます。米作り編では、6月に田植え、7月に草取り・生き物観察、9月に稲刈り、11月に収穫祭。酒造り編では、12月に小川和紙の紙漉き、2月に酒蔵見学、3月に完成したお酒にラベルを貼ってマイ日本酒の出来上がり、そして有機野菜での懇親会をおこないます。

このように四季を通して小川町に通うようになり、訪れるたび、この町の魅力に惹かれていったのです。

春の田植えから始まり、冬の酒蔵体験が終わる頃、小さな木の家も建ち上がり家族全員で移住してくることができました。

念願の田舎暮らしが実現

地元の方たちからは、この地区に縁もゆかりもない人たちが引っ越してきたのは、実に26年ぶりだと言われ、大歓迎を受けました。

家庭菜園を始めるときには、ご近所の方がトラクターで乗りつけて耕してくれたり、「余り苗をどうぞ」「(肥料になる)鶏糞を取りにきなさい」と声をかけてくれたり、野菜の育て方まで指導してくれたりしました。

田舎暮らしの不安など吹き飛んだありがたいスタートでした。

小川町での暮らしは、スローライフを目指した念願の田舎暮らしでしたが、実際の生活はスローではなく、やることがいっぱいでした。

今までとは時間の使い方が大きく変わり、暮らすために必要なことに費やす時間が、大幅に増えたのです。

主人は春夏に何度もする草刈りで、草刈機のアームを折ってしまうほどでした。

冬の薪割りを体力勝負でこなし、今では、ご近所から頼まれて大木を倒したりもします。

私は家庭菜園と保存食作り。

季節を感じながら作業をする時間は、至福のときでもありました。


土に触れて暮らしはじめたら、私もぐんぐんと元気になり、主食のお米を自分たちで作れるようになって、大きな安心感と生きる自信がついたのです。

外へ外へと求めていた私は、「今ここ」を生きることを決めました。

家族にも大きな変化が現れはじめました。

全く農業に興味がなかった主人が、

「俺も、米を作ってみたい」

と言い出したのです。

主人いわく、こっちに越してきてから、毎日、うちの食卓に上る野菜が、地元の方の顔が見える野菜になった。

「これは有機農家の〇〇さんの野菜、あっちは〇〇さんの」と、食卓に並べて食べていると、その美味しさに自然と惹かれる。

また、周りには、兼業農家さんがたくさんいて、働きながら野菜を育てたり、お米を作ったりしている風景が日常的にある。

そういう地元の方たちの姿を見て、子どもたちに食べものの大切さを伝えるのなら、自分たちで作るのが一番いいと思うようになった、と言うのです。

私は、お米作りがしたくて仕方がなかったので大歓迎です。

「やるやる！」とすぐに動き出しました。

夢だった米作りが始まった！

早速、「米作りがしたいのですが」と、お世話になっている有機農家さんにご相談したところろ、水利組合のこと、新しく田んぼを借りるのはとてもハードルが高いこと、お米作りはやはり教わらないとできないことなどを親切に説明してくださいました。

やっぱり素人がお米を作るのはむずかしいのだろうか……

落胆しかけた私に、その方がこう言いました。

「でも、ちょうどうちの前の田んぼが1枚空くからやってみたら？　教えてあげるから」

なんというご厚意でしょう！

その農家の方にイチからご指導いただきながら、家族と仲間でのお米作りが始まりました。

5畝《せ》（5アール、150坪）の田んぼですが、田植えとなると30人の仲間が集まってくれ苗を手で植えます。

夏の草取りは子どもたちも手伝います。

無農薬の田んぼにはたくさんの生き物がいて、都会の子どもたちを引き連れて遊びだすのは、次男の役目です。

網を片手に畦《あぜ》を歩き、ドジョウやヤゴを捕まえるのは、お手のもの。

子どもたちは、大人たちが気付かないことを発見し、何でもよく知っています。田んぼが教えてくれることはたくさんあるようです。

田んぼで家族と初めての米作り

秋の稲刈りは、手で鎌で刈る人、束ねる人と分担作業が延々と続きます。

最初の年は、天日干し用のハザ掛けに最後の稲の束を掛けようとしたそのとき、全部倒れてしまった！　なんてハプニングもありました。まだまだ稲作17年目の初心者ですが、お米作りは本当に楽しいです。

夢中になって作業する大人たちの背を見て、子どもたちも何かを感じ取ってくれているに違いありません。

移住2年目から始まった自給農ですが、おかげさまでうまくいき、お米はこの16年間、買ったことがありません。私たち4人家族の1年分の米を賄っている田んぼの広さは、たった5畝です。種は毎年、その田んぼから自家採取してつないでいます。

そんな小川町での暮らしも、17年が経ちました。

このように、家族で丸ごと飛び込み、この地に暮らしはじめた私たちですが、たくさんの方々に支えられ、感謝の気持ちで一杯です。

第1回のときに、東京から参加していた「無農薬で米作りから酒造りを楽しむ会」も今年（2023年）で第19回になります。

移住してすぐに声をかけていただいて、今では事務局として運営に携わっています。

参加者として小川町を訪れ感じたこと、思ったこと、そして初心を忘れずに、参加してくださる皆様に満足できる体験をしていただけるよう、地元の方々への恩返しの気持ちでお手伝いをしています。

毎年、100人近くの方が参加されるのですが、子ども連れや、若者、年配のご夫婦など、皆、それぞれの思いを持ってやってきます。

ここ小川町には、「さぁ、どうぞ」と招き入れてくれる里山の自然と、人の温かさがあります。

この町での時間が、子どもたちの原風景の一つになればいいな、大人にも心が疲れたとき、ふと思い出してもらえたらいいな、という想いを胸に、これからも大切に続けていきたいと思っています。

この経験から、現在の雑穀畑×未来食につながる新たなチャレンジも始まりました。

２０１０年、「雑穀の種まきから調整を楽しむ会」のスタートです。

１年を通して四季を感じてもらい、雑穀を中心とする食と農のつながる循環する暮らしを、皆と分かち合う場づくりを目指す集まりです。

イネはいのちの根っこ

田んぼや未来食から教わったことはたくさんあります。

夏休みは田んぼの草取り。草を取ったら川に連れてってあげるから、と子どもと一緒に草を抜きます。太陽がジリジリと暑くなるまで頑張ったら、午後は川に飛び込みにいきます。

「イネはいのちの根っこ」

ゆみこさんから教わった言葉です。

命の根……あぁ、だから田んぼに入ると、こんなに楽しいし元気になるんだ！

すっかり田んぼに夢中になってしまって、もう1枚借りることにしたほどです。


あるとき、こんなことがありました。「田んぼの草取りをしなきゃ、しなきゃ」といつも焦った気持ちを抱えていました。面白いことに、そう思えば思うほど、草が元気に生えるんです。そのことに気づいて、草取りから意識をパッと外すと、前ほど草が生い茂らなくなったのです。


また、田んぼの草取りをしすぎて手が動かなくなったときのこと。

「手が痛くて、もうこれ以上、動けません」

と、ゆみこさんに話したら、

「もっと動きなさい」

と言われてびっくり！

でも、私はとにかく何でも素直にやってみるという性格です。

言われたとおり、手を動かしてみたら、自分の限界を超えられて、手が痛くなくなったのです。

そこからは体力も気力もずっとアップし続けて、59歳の今が一番元気です。

限界なんて本当はなくて、自分が作っているだけだったんだ、と気づきました。

意識の力はかくも大きいものなのです。

田舎で暮らすようになって、家族もイキイキしだしました。

両親とも好きなことをやっていて、主人は会社を経営し、休日はバイク乗り、私は、未来食の学びと田畑を楽しんでいる。

夏の草取りが忙しい時期は、朝起きるとお母さんはもう田んぼに出ていて、家にはいません。

そうすると、必然的に自分で生きていかなきゃいけないということがわかります。

ガミガミ言う親がいないので、すごいしっかりした子たちになりましたし、親離れ子離れもするっとできました。

親自身も本当にやりたいことをやって、元気で好きな方向に向かっていく。

その夢中で楽しみながら生きる姿を子どもに見せていけばいいんだな、と思いました。

親も子どもも、お互いに信頼し見守る。いい関係になっています。

おてんとさまは人を殺すことはない

私たちの家では、種を手で蒔いて、苗を作り、手で5畝という広さの田んぼ一面に植えています。

たった両手いっぱいの種を食べずに取っておくと、それが4家族が1年間暮らせるお米になります。最初の年は260キログらい採れました。

今でも自分たちでそのお米の中の一番いい穂を選んで、それを種として翌年また蒔くということを続けています。16年間、お米は買ったことがありません。どんな気象の年でも、穀物は本当によく採れます。

ただ、16年のうちに一度だけ、貯水池が干上がるほど雨が降らなかった年がありました。

不安になった私が、農家さんに相談すると、80歳になるおばあちゃんがこう教えてくれました。

「おてんとさんは人を殺すことがないから、雨が降るのを待っていればいい。

50年前にも、お米の苗をネギのように植えたことがある」

おばあちゃんに言われたとおりにお湿りを待っていると……

いい苗ができて、いよいよ田植えというときに、ドカンと雨が降って、田んぼに水が入りました！

そこで急いで代《しろ》かきをして、その年も無事、田植えができたのです。

穀物と人はセットでこの世界に生まれてきたいのちのパートナー。

これも、ゆみこさんに教わった言葉です。


自然は、必ずたくさんの恵みを与えてくれる。人はそっと手を貸すだけ。

心配せず、焦らず信頼して待っていればよい。

このことが実体験から腑に落ちた私は、自分軸が通り、でんと構えていられるようになりました。

有機農業の師、金子美登さんの教え

私が小川町に暮らして、本当にお世話になったのが、霧里農場で有機農業を52年も営まれ、2022年に惜しくも他界された金子美登《かねこよしのり》さんです。

金子さんの背中から学んだことはたくさんあります。

小川町は有機農業率19％と日本でもトップクラスです。

これは、金子さんの52年間の活動のおかげにほかなりません。

金子さんは、いつも例えに出してこう話してくれました。

「岩崎さんのように、一つの家族が5アールの田んぼを耕してお米の自給をしたならば、日本の農業は変えられる」

「遠くの親戚より近くの農家と仲良くなること。

ここ東京から一番近い田舎・小川町を、第二の故郷として通ってきてください」

この小川町は人口2万8000人の小さな町です。

霧里農場の金子美登さん（写真中央）と

ここには、有機的な人のつながりがあります。
車で走れば、すれ違いながら手を振る仲間がいる。
困ったときには支え合う。
それぞれの得意を教え教わり、学びあえ、いつでも相談できる仲間がいる。
つぶつぶのコミュニティにも通ずる、あたたかいつながり。
この人の縁を大切にしていくこと。
金子さんの教えを、これからも大切に継承していきたいと思っています。

子どもたちも変わった！

田舎に移住して、子どもたちの生活も一変しました。

田んぼで遊ぶ子どもたち

今まで都会暮らしだったのが、毎日泥んこの中で元気いっぱい。

小学校までは片道3・5キロの道のりを毎日歩いて通っていました。

都会で12歳まで育った長男（現在28歳）。幼少時から山の中で暮らしている次男（現在20歳）。

こういう子育てをすると、子どもたちの違いがすごくよくわかります。

3歳のときにこちらへ越してきて、土の上を裸足で駆け回って育った次男の体力は、言うまでもありません。

農に対する意識もすごくて、通学の道すがら、よその畑の様子をうかがっては、「お母さん、トマトの支柱はもう立てたほうがいいよ」と教えてくれたりします。

その観察力には今も感心させられます。

そして非常に健脚です。サッカー部でしたが、陸上部より速くて、持久走を走ればいつも一番でした。

長男も、喘息だった赤ちゃんの頃とは見違えるほど健康になりました。

中学校3年間、片道7キロの道のりを自転車で通い、部活動に汗を流し、体も丈夫になった彼は、中学から今に至るまで、エレキギターに夢中です。

まわりのことを気にせず音を出せる環境で育ったので、好きなことを貫いて仕事となり現在ではギタリストとして活躍しています。


もう大人になった子どもたちは、今は「田んぼに行くよ」って言ってもさすがに一緒には来ません。

でも、ちっちゃいときからずっと私と田んぼをやってきたので、この先どんなことがあっても、全部自分でできると思います。

あのときはあれやってたな、次はこれだなということは、ぜんぶ体が覚えている。

それが継承できています。

このような夢の暮らしを楽しんでいたある日、その現実がひっくり返る出来事が私たちを襲いました。

3・11東日本大震災で打ちのめされて

2011年3月11日。

大地震と津波が東日本を襲い、数日後、原子力発電所で水素爆発が起きました。

その放射能は、私たちの田畑や暮らしすべての上に降り注ぎました。

この状態で、自分たちの作った米を食べることができるのか。

冬の暖房も、電気を使わず薪ストーブ一つで暮らしているけど、放射能が付着しているかもしれない薪を、家の中で焚いて大丈夫なのだろうか……

私たちの生活は突如、脅かされました。

小川町は農業が盛んなだけに、放射能についての情報が非常に早い段階から出回りはじめました。

次、雨が降ったら危ないかもしれないから、畑に寒冷紗《かんれいしゃ》（害虫や霜害などを防ぐために作物にかける布）をかけたほうがいいとか、作物をすぐに収穫したほうがいい、など、さまざまな情報が駆けめぐります。

　政府が言う前からガイガーカウンターを持ってチェックしている方もいました。

　そうした情報はありがたいものではありましたが、心の中は不安でいっぱいでした。

　主人と一緒に、ここで暮らすか、遠くに逃げるか、悩みに悩みました。

　しかし、私たちはこの地で暮らし、これからも田畑を耕しながら生きていく姿を子どもたちに見せていこう、と決めました。

　全国の母親たちが子どもたちの安全や未来のためにと立ち上がったように、私もそんな一人となりました。

　無我夢中で放射能についての情報を調べ、行政や学校へ掛けあい、声をあげる日々。

　そんな恐れと不安からくる行動は、いつしか私の体を不調に陥れました。

　足は象のようにむくみ、動悸が止まらなくなり、玄関への階段も上がれない状態になってしまったのです。

　私はどうしようもなくなって病院に向かい、そこで「甲状腺《こうじょうせん》機能亢進症《きのうこうしんしょう》」という診断を受けました。

放射能を恐れていた私は甲状腺障害という現実に直面し、完全にノックアウトされました。

恐怖でいてもたってもいられず、体はだるくて地の底に沈むようでした。

私を二度も救ってくれたつぶつぶ

「このままではいけない」

私は「未来食セミナーScene 1」（未来食レッスンの第一段階）を受講するという、私にとっては一世一代の賭けに出ました。

セミナーで、ゆみこさんから、

「頭の中を占めていることが現実に目の前に現れる。未来は自分で創りだすもの」

という言葉を聞いたときに衝撃が走ったのです。

「あー、そのとおりだ！」

私は、心が不調になったら体も不調になるという、心と体がぴったりと一致する体験をしていたおかげで、そのときに深く納得できたのです。

それから、私は食べ方と意識を転換することで、体への信頼を取り戻していき、不調だったことが信じられないくらい復活することができました。

夢は言葉にすると叶う

未来食を実践し、本物の食べものに触れ合うたび、私は生き方へのヒントを見つけていくことができました。

自分を見つめることで、恐怖や不安も受け入れ、手放すことができるようになりました。一つ手放せば、新しい私が始まりました。

そんなある日、ゆみこさんから教わった「未来は自分で創りだすもの」ということを実体験する機会がやってきました。

我が家の横には、大きさ７畝（７アール、２１０坪）の雑穀畑が広がっています。

でも、実はこの雑穀畑は引っ越してきたときにはなくて、人も入っていけないほどの藪だったのです。

2013年、天女セミナーという講座で、200人ほどいた参加者全員が、一人ひとり、自分の叶えたいことを言葉にするという宣言タイムがありました。

何を言おうか考えているうちに、自分にマイクが回ってきました。

そのとき、突然、閃きが降りてきて、気づくとこう口にしていました。

「私は、今住んでいる有機農業の里、埼玉県小川町に、皆が集える雑穀畑を作ります！」

すると翌週、家の横の藪がある場所の地主さんが我が家にやってきて、こう言ったのです。

「この藪、耕してやるから、畑にしたらいい」

えー！　地主さんには講座での宣言のことなど何も言っていないのに！

びっくりです。

しかし、せっかくのご親切でしたが、我が家には家の下のほうに、すでに1反3畝（13アール）の広い畑がありました。

だから、「いやいや、これ以上は一人ではできません」と最初は断ったのです。

家の横に広がる雑穀畑

でも、地主さんは笑顔で続けます。

「いいよ、いいよ。ここを使ったらいい。下の畑でみんなで農作業をしている姿がすごく楽しそうなんだ。近いほうがいいよ」

土木建築業の地主さんはすぐに重機を持ってきて大きな桑の根っこを引き抜き、翌日はトラクターに乗ってやってきて、その藪を全部自分で耕してくれたのでした。

「さあ、使え」

この展開には目を丸くしました。

言葉にすると叶う、未来は自分で創れるというのは本当だったのです！

この話には、さらにおまけもありました。

我が家の芝生の前の林は、隣のおばあちゃん

の土地なのですが、その藪も、

「ここもきれいになったら気持ちいいだろう。おばあちゃんには言っとくから」

と進んで開墾してくれたのです。

おかげさまで、落葉樹のその林は、四季を通して気持ちよく、春は新緑、夏は木陰となり、ドラム缶風呂を置いて楽しんでいます。


広くて自分一人ではできない、と心配していた家の横の土地も、場が整ったら、たくさんの人がやってきてくれるようになり、すぐに立派な雑穀畑になりました。

「自分の土地の続きは買ったらいい」という昔からの言い伝えがあるので、主人と私で相談して、「この土地も地続きだし、買わせてもらおう」ということになりました。

そこで、地主さんに、

「買わせていただいたらいくらですか？」

と相談に行ったら、

「いやいや、いいんだ。使ってくれればいい」

というまさかのご返答！

こうした不思議なご縁でやってきた畑を、今もありがたく使わせていただいています。

一人ひとりが少しの力を出し合い、春に大地に種を下ろすと、秋に自然はたくさんの恵みを与えてくれます。

一人ではできない広さの田畑を耕しているわけですから、感謝の気持ちで恵みを皆で分け合いたいと思っています。

地元の方々の応援で始まった雑穀栽培

地元の方も、私たちの雑穀畑を喜んでくれています。

「あんたのところはいつでも賑やかでいいなあ」

「昔は、そうやってみんなで畑や田んぼをしたものだよ」

そう声をかけられます。

今年もみんなでノコギリ鎌で手刈りの稲刈りをしていたら、

「毎年よくやってるな。楽しそうだからみんなで食べなさい」

と軽トラ山盛りいっぱいの枝豆を田んぼまで届けてくださいました。

本当におかげさまです。

いつもワイワイ賑やかな雑穀栽培体験も、開始から12年になります。

本当に人が流れるように、畑も教室もたくさんの人が訪れるという、嬉しい状態を生んでいます。

中でも雑穀栽培体験とつぶつぶ料理レッスンのコラボが一番人気です。

雑穀を育てはじめたのは、家から3分のところにある1反3畝の畑です。

雑穀栽培を始めたきっかけは、私が未来食セミナーを受けたときに、ゆみこさんが投げかけた言葉でした。

当時の日本には、シコクビエ（ラギ）という雑穀が不足していました。

「誰か、シコクビエを育ててくれないかなぁ」

ゆみこさんのそのつぶやきを聞いた私は、「はい！」と即座に手をあげて、セミナーの後に詳しく話を聞きました。

「小川町で育てたら、その地域自体も元気になっていくから、やってみたら？」

その一言に背中を押されて、すぐ翌日に畑の地主さんを訪ねて、

「畑を貸してくれませんか？」

シコクビエの穂

とお願いしました。

そうしたら、もうすでに犬の散歩や地域の草刈りで顔見知りになっていたので、

「いいですよ、使ってくれれば助かります」

と快く貸してくださいました。

ここは50年間、無農薬で化学肥料も入れずに、草を刈っては倒し、燃やしていただけの畑でした。

私たちは移住7年目にやっとこの畑を借りることができました。

外からの移住者だったのに、畑をお借りすることができたのは、やはり地元の農家さんや地主さんの信頼を得たことが大きいと思います。

これも集落の草刈りや道路清掃に主人が進んで参加くれたおかげです。

地元の方々とのご縁を大切にすることも、田舎暮らし成功の秘訣の一つだと思います。

畑が広がると、人とお金の流れもめぐりはじめた！

本格的な雑穀栽培の前にも、家の横の小さな家庭菜園で雑穀を育てていました。2006年に小川町に移住して、最初に蒔いた雑穀畑の広さは、2×5メートル。初めて栽培したのは、小川町の方から分けていただいた埼玉在来種のもちアワと、アマランサス。今もずっと種を採り続け、つないでいます。

雑穀畑はどんどん広がっていきました。

2006年　家の横の家庭菜園　2×5メートル
＋
2012年　下の畑　1・3反の雑穀畑
＋
2013年　上の畑　7畝の雑穀畑

そして、不思議なことに、雑穀畑の拡大と同時に、人の流れ、お金の流れも少しずつできてきたのです！

2014年につぶつぶマザーの活動を開始すると、人がドッと集まるようになりました。

4月には、ゆみこさんを招いての講演会「雑穀で世界に光を@小川町」を主催して、100人もの方々に参加いただきました。

そのほかに、自宅の工場での講演会、自宅の庭でのつぶつぶ料理100人パーティーも開催。

パーマカルチャー（無農薬・有機農業を基本とする持続可能社会作りを目指す理論）の講師を呼んで、アースオーブン（稲わらや砂、レンガなどで作る石窯）を庭に作る1泊2日のイベントも企画して、4回の開催で、のべ124人の参加者が集いました。

この頃になると、雑穀栽培の農耕暦を見返すことで、毎年自分が種を蒔くタイミング、苗植えをするタイミングがわかってきました。

その経験を活かして2019年に立ち上げたのが、雑穀栽培1年コースです。

1年コースにすることで、四季を通して小川町に通ってもらおう！

4月の土づくり、5月の種まき、6月の苗植えと3回続けて通うことで、種まきをするだけではなく草の勢いも感じてもらおう！

種を蒔いたら、食べるところまで体験しよう！

こう計画を立て、勇気を出して日程も決めたら、どんどんお申し込みが入るようになり料理教室の売り上げも7倍になったのです！


雑穀は一粒万倍《いちりゅうまんばい》。

自分で育てた雑穀を食べるところまでつないで、また来年の種を採る。

自分の手で命の循環を生み出すことができるのです。

雑穀栽培が楽しくってしかたない！

この喜びを皆に伝えたい！


雑穀を中心に食と農が循環する暮らしを皆で分かち合う場を作ることができ、私の夢がまた一つ叶いました。

全国からいらしてくださる皆様のおかげです。ありがとうございます。

100人超が集まった「雑穀で世界に光を@小川町」

岩崎家のアースオーブンとアースバッグ（土のうを積み重ねて作る建造物）

畑へおいで！　雑穀栽培教室の豊かな1年間

ここで2021年の雑穀栽培体験1年コースの様子をご紹介しましょう。

コースの始まりは4月から。まずは土作り、水脈作りです。後ほどお話しする「大地の再生」という方法で、ふかふかの土になります。

講座には、つぶつぶ料理のミニレッスンも付きます。春には野草の天ぷらです。料理もみんなで作っていただきます。

5月は種まきです。いい種の選び方を学び、ポットの中に手で種を蒔いていきます。

畑はすべて自然農です。表層1センチを鍬で切って、手で苗を植えていきます。親子で参加される方も多いです。

夏には、田んぼの草刈りもみんなに体験してもらっています。

アマランサスは、こぼれ種からも育ちます。

耕さなくても、「大地の再生」で、埼玉在来のもちアワがこんなに大きく育ちます（81ペー

ヒエの種まき。一粒ずつ手で種を蒔いていく

雑穀の苗植え。雑穀栽培体験の中で、一番土に触れる日。土を触ると元気になる！

埼玉在来もちアワの穂

高キビの出穂《しゅつすい》

ジ左下)。在来種の種は本当に大切なので、つないでいきたいと思います。高キビは、2〜3メートルにもなります。肥料も入れていません。

料理教室のメニューは夏野菜のラタトゥイユです。

講座では、みんなで料理し、暮らし丸ごと楽しみます。

大人も子どもも、奥さんだけでなく、ご主人もたくさん来てくださいます。

みんなで収穫も楽しみます。防鳥は糸1本を張るだけです。

みんなまったく農業は初めて。土に触れることも初めての人が、種を蒔けばこんなに収穫ができる、その喜びに浸っています。

脱穀は手作業です。洗濯板などを使って、手でゴシゴシやって脱穀しています。

唐箕《とうみ》という昔の農具で風を送ってチリを飛ばし、いよいよ調整して食べるところまでつなぎます。

畑では、大地のエネルギーを浴びることができます。

広い芝生でごろんと寝転がり、アーシングもできます。

９月、みんなでお待ちかねの収穫！

埼玉在来もちキビの種。ツヤツヤの黒い殻の中には黄色い粒が入っている

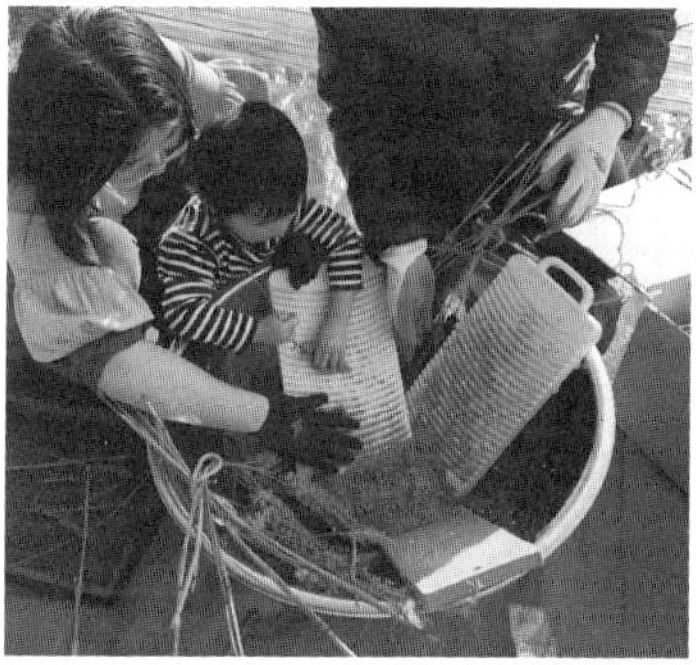

小さな子どもも一緒になって、手で脱穀する

唐箕で脱穀後のチリを吹き飛ばす

大きな機械がなくとも、ノコギリ鎌1本と鍬1本で、雑穀栽培は可能です。

講座では、つぶつぶの心と技を伝え、食と農のつながるライフスタイルの提案をしています。

私はもう、とにかく畑に出ることが大好きで、好きすぎてついつい、いつも畑に出ていってしまう、ということを繰り返し繰り返しやってきて、気づいたら、今の楽しい暮らしがありました。

自分では一人ではできない広さの畑を皆で育てることができて、しかも、それが収入になり、できる雑穀の量も一粒を蒔いたら、数万倍になります。

なんて幸せなことでしょう。


この間、私の栽培コースの参加者さんが、自宅の横の畑で、アマランサスをたった5メートルだけ初めて蒔いてみたら、700グラムのアマランサスが採れた！　と教えてくれました。

「じゃあ、10グラムで何粒あるか測ってみて」

「信子さん、1グラムで1423粒ありました！　もう数え切れません！」

こんな嬉しい報告もありました。

たった一粒が数万倍になり、穀物はたくさんの実りを与えてくれるのです。

だから、本当は不安なんて持たなくていいんだなと思います。

今、食糧危機、感染症の流行、石油の枯渇など、いろいろな暗い未来が語られていますが、この大地に実際に種を蒔くということをやってみると、地球が返してくれるものは、私たちの予想をはるかに超えて数万倍にもなるのだと実感できました。

この部分が腹落ちすると、自分軸を持ち生きる自信につながります。

気になる雑穀栽培体験×料理教室の収入は？

農業生活を夢見る方が心配されるのは、やはり第一に「それで食っていけるのか？」ということだと思います。

そこで、私の1年間の収入の推移をまとめてみました。

きれいごとなしのぶっちゃけの数値です。

２００６年の小川町移住元年は、ゼロからのスタート。

２０１６年、料理教室を始めたばかりの頃には年間収入２００万円に満たないぐらいでした。

２０１８年、栽培体験を通年計画で料理教室とコラボで開催することにしたら、ここで収入が急上昇。その後もどんどん伸びていきます。

２０２０年、このあたりでコロナが始まっています。これを機に「いよいよ、うちも暮らしを変えたい」と、移住や働き方のシフトチェンジをする方も増えてきました。

下の表は講座参加人数と売り上げの推移です。

コロナに関係なく、たくさんの人がいらしてくださっているのがわかると思います。

そしてついに２０２２年、１０００万円を超える売り上げになっています。

この成果が成り立っているのは、つぶつぶ料理教室の仕組みと雑穀栽培体験の組み合わせという「カタ」のおかげです。

年	参加人数※	売り上げ
2016年	134人	1,759,732円
2017年	169人	2,635,759円
2018年	718人	4,608,833円
2019年	1043人	6,600,764円
2020年	1,103人	7,639,773円
2021年	955人	9,258,416円
2022年	1,209人	10,792,064円

※料理教室・セミナー・栽培体験をあわせた人数

お金のブロックを取る

農によって年収１０００万円を達成するまでには、試行錯誤がありました。

２０１０年に始めた「雑穀の種まきから調整を楽しむ会」では、最初、農業体験といっても手探りで、参加費無料で、手伝いに来てもらってランチをお出しするという形で運営していました。

しかし、これでは持ち出しが多く、なかなか続きません。

そこで、しばらくしてから参加費を設定するようになりましたが、１５００円をいただくのがやっとでした。

お金をいただくことに抵抗があったのかもしれません。

集まってくださった方から、参加費を集金するというおこない自体にも抵抗があったような気がします。

２０１５年につぶつぶ料理教室が全国展開となり、ＷＥＢ上で申し込みと決済ができる仕組みができて、とても楽になりました。サイトに載ることで、どんな田舎でも料理教室を見つけて来ていただけるようにもなりました。

私のところへは、「暮らしを変えたい！　生き方を変えたい！」という方が、日本全国だけでなく、ドイツやアメリカからも来てくれます。

しかし、農業体験に関しては、３０００円で一品持ち寄りにしてみたり……と試行錯誤が続きました。当日のお天気を気にして、なかなか日程を決められないのも悩みの一つでした。

転機となったのは、ゆみこさんの天女セミナーです。

主人がきれいにしてくれている芝生や、広いウッドデッキにも、素晴らしい価値があると気づくこと。また、これまで自分が学んできたお米や雑穀栽培のスキルなど、自分自身の価値を認めること……

こうして、一つひとつ、自分、家族、家、畑などの価値に目覚め、自分を認めるすべを学んでいくことで、私のセルフイメージが上がっていきました。

すると、自然と、栽培体験の参加費を上げることができるようになったのです。

その金額は5000円。以前の私なら考えられないような額です。日程も早く決めて募集を始めると、遠くの県からも人がやってきてくれるようになりました。不思議なことにお天気も味方をしてくれます。

「私の栽培体験は晴れる」と決めたら、晴れるんです。毎回来てらっしゃる方はご存じだと思いますが、小川町が雨でも、うちだけ晴れていることもあります。

決めればそのとおりになる。

いらした方もとても喜んでくださり、私はどんどん自信をつけていきました。

本当に一つひとつ、地道にやってきました。

私は運よくつぶつぶに出会えたことで、仕事と経済と心の自由を丸ごと手に入れることができたのです。

畑に風と水脈を通す　環境再生医・矢野智徳さんの「大地の再生」

私たちの畑にとって、とても大切な方を紹介します。

「環境再生医」とも呼ばれる、造園技師の矢野《やの》智徳《とものり》さんです。

矢野さんは、『杜人《もりびと》～環境再生医　矢野智徳の挑戦』（前田せつ子監督、リンカランフィルムズ、2022年公開）という映画で世の中に紹介されはじめた方です。

私のところでは、この矢野さんの一番弟子である（と私が思っている）佐藤俊さん（大地の再生関東甲信越代表）に、畑を中心に「大地の再生」講座を8年間していただいていて、畑の周りに大きな水脈が作られています。

そのおかげで、たわわな雑穀の穂が、無肥料そして無農薬で育つことができています。

矢野さんはいつも、日本列島から見た畑の位置の話をされます。

私の畑はこんな位置にあります（91ページの写真参照）。

左下の点線の丸部分が自宅です。

そして家の横に7畝（7アール）の畑があります。

テクテクテクテクと歩いていくと、無農薬で50年経った借りている畑が、1反3畝（13アール）あります（右の大きな丸部分）。

この両方とも、畑の周りに大きく水脈が作ってあります。

水の流れを見ていきましょう。水は、山から自宅敷地を通り畑の方へ、そして、畑から川へ

敷地航空写真　　つぶつぶ@小川町

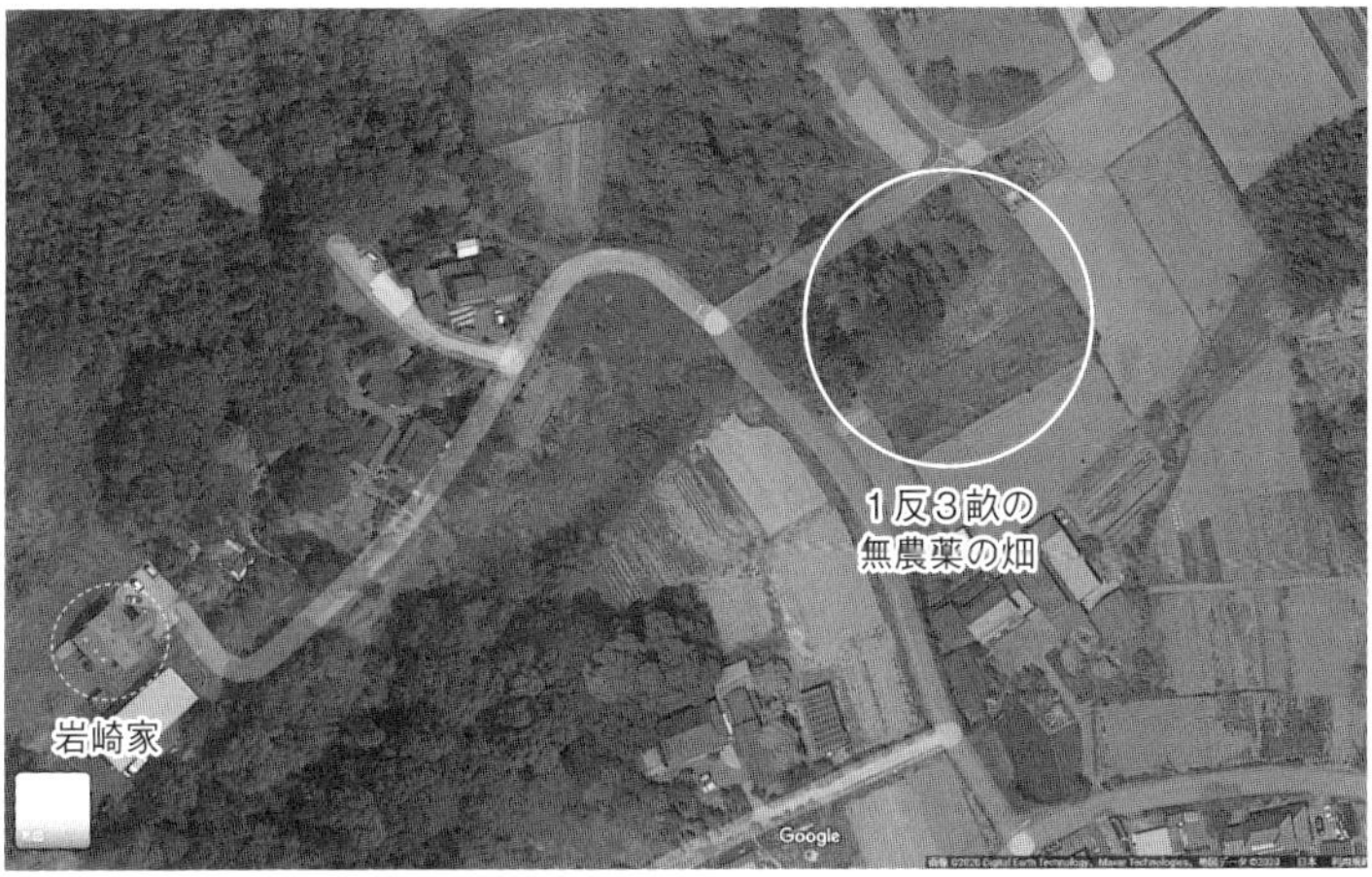

出典：google map

と流れています。

もっと高く、鳥が飛んでいくように上空から見てみましょう。次ページの水系図で見ると、丸い点が私の畑です。

近くには、市野川という川があり、大きな荒川につながっていきます。

山の水が、敷地や沢を通って市野川に続いている。これを、一つの流域と呼びます。川に囲まれた流域です。

市野川から荒川へと注ぐこちら側の水系とは別に、この家の反対側からも水は流れてきています。

このように一言で流域と言ってもさまざまな単位があります。

この市野川は荒川へと合流していきますので、もっと高くから見ると、荒川の流域です。江戸

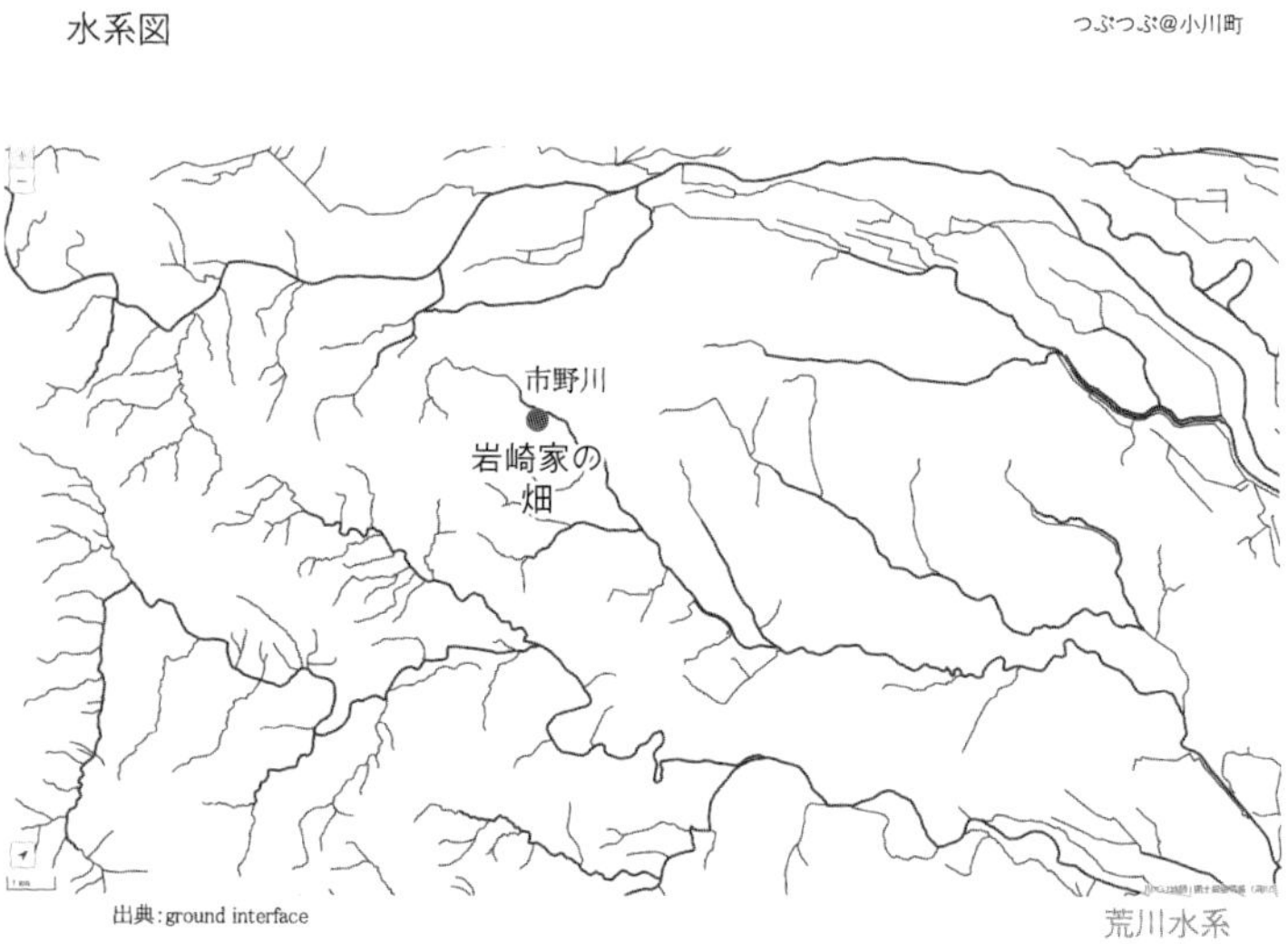
水系図
つぶつぶ@小川町
市野川
岩崎家の
畑
出典:ground interface
荒川水系

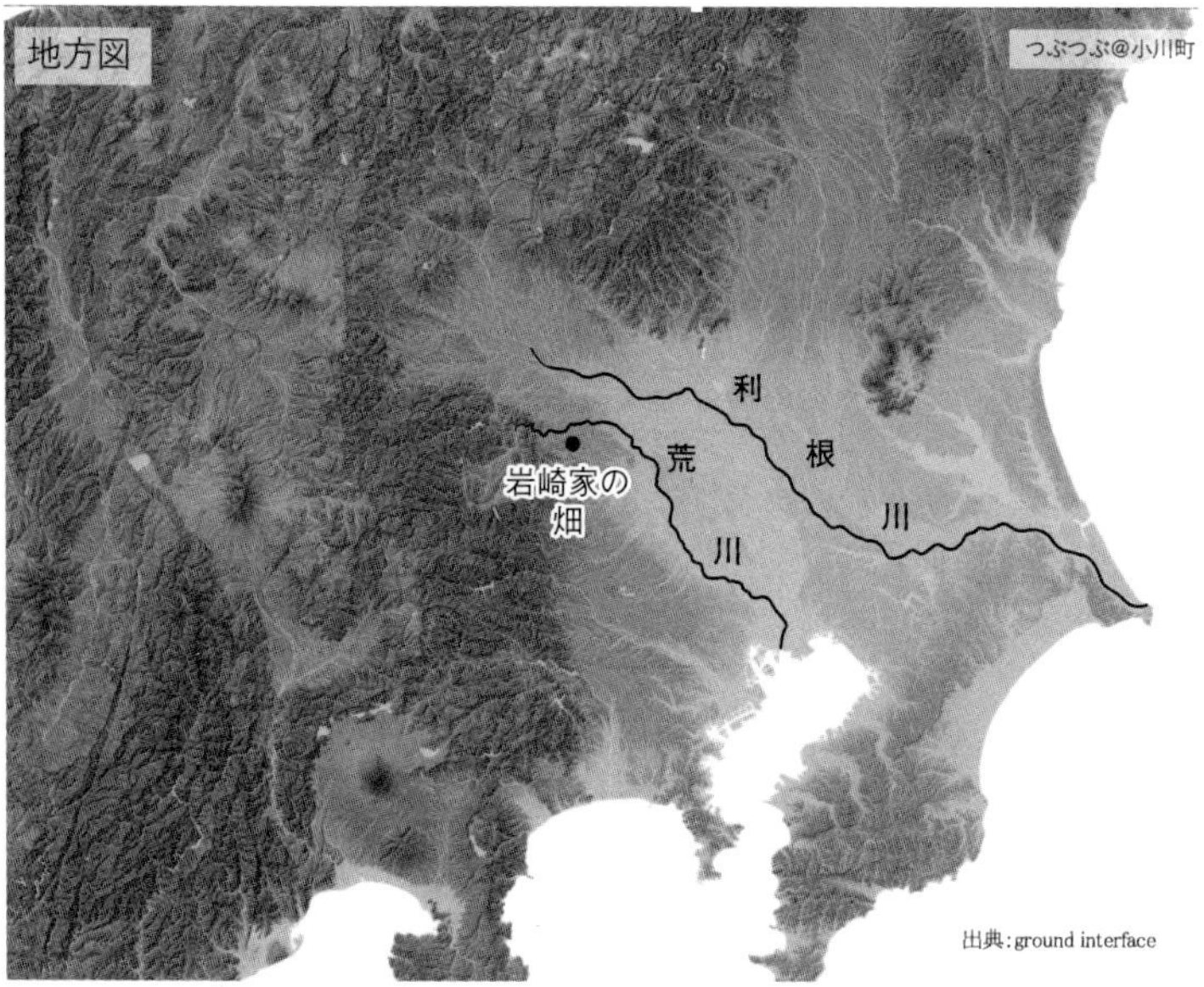
地方図
つぶつぶ@小川町
利
根
川
荒
川
岩崎家の
畑
出典:ground interface

川や多摩川なども、荒川と同じく東京湾に流れ込んでいます。

それぞれの水脈と流域は、私たちの目には見えないし、離れているけれども、相互に影響しあっています。

さらに大きく見れば、私たちは皆、関東地方の一部です。

小川町の比較的近い側に利根川が流れていて、太平洋に注ぎ込んでいます。

この関東地方という大きな単位の流域で見ても、それぞれの川は相互に影響しあっています。

２０２２年8月に、小川町で矢野さんをお呼びして「ラブファーマーズ・カンファレンス」というう大きなイベントをしましたけれども、そのきっかけになったのはこの話です。

矢野さんは、関東の大地が現在、非常に荒れた状態になっていることに対して、大きな警鐘を鳴らしています。

地面がコンクリートで塞がれることにより、大地が呼吸しづらくなっている状態と考えていただけるとわかりやすいと思います。

ここ小川町の北側には秩父山系がありますが、東京のヒートアイランドの熱が荒川に沿って全部上がってきます。

そして、その熱が秩父山系にあたって、ここで熱が下降して対流します。

環境再生医・矢野智徳さんと

小川町が暑かったり、熊谷が暑かったり、今、群馬の伊勢崎辺りもものすごい気温が上がるのは、実はそのことが影響しているのです。

その中でも、ここ小川町の風と水の通りをよくしてあげれば、この関東地方一帯の対流に影響を及ぼす、ということを矢野さんは話してくれました。

私のところでは、それが手に取るようにわかりました。

畑の周りに「大地の再生」の水脈作りを施すと、その場の風が変わったのを感じました。

水脈を作る、とはどういうことかというと、土のグランドラインから少し低く溝を掘るんです。

その中に、炭を入れたり、竹や枝を入れたり、落ち葉を入れたりして、土に還るもので溝が崩れないようにしていきます。

すると土の中の空気と水の循環が改善されて、雑穀の育ちがよくなります。

空気と水がつながると、風景がつながる

空気と水がつながると、風景もつながって見えてきます。

巻頭カラー最後の写真（16ページ）は、家の前の風景です。

このときは「大地の再生」の作業の後でしたが、遠くに見える四津山という山の稜線と、手前の木々の高さと、その手前の畑の横の草の高さが、稜線を幾重も描くようにすべて一致したんです。

すべては相似形。このように次元が変わるということが起きるのを目の前で見ることができました。

この「大地の再生」を導入したことで、耕したり肥料を入れたりしなくても、本当にふかふかの大地になりました。

雑穀畑が見てみたいと、視察の依頼もあります。小川町有機農業生産者グループも視察に来ました。

小川町からの依頼で「子育て&農ある暮らしのお話し会」にも登壇しましたが、移住希望の人たちに向けて暮らしの見学ツアーもあり、注目を浴びました。

下の畑は、大地の再生で水脈を作って8年目です。

毎年水脈のメンテナンス講座をおこないながら、日常でも手入れを続けています。

すると雑穀の穂はたわわに実り、もちキビやもちアワが、私の背を越えるまで育つところもあります。

97ページの写真が畑の中に作っている水脈です。金子美登さんも、地域の区長さんたちと一番に見学に来てくださいました。佐藤俊さんが初めて水脈作りをした現場です。続けていくことで成果も出ており、とても仲良くしてくださっています。

水脈作りのフィールドワークショップは、小川町では毎年2月に開催しています。

「大地の再生」の効果は、

「大地の再生」による水脈作り（写真下・手前左が佐藤俊さん）

●耕さず肥料を入れなくても、土の中の空気と水の循環がよくなることで、雑穀がたわわに実る。
●雑穀と雑草の根が土を耕してくれる。

雑穀は背も高いですが、根も同じくらい深くまで土の中に張っています。雑穀だからこそさらに大きな効果を発揮するというわけです。

「風の草刈り」という方法もおこないます。

草を根こそぎ抜いたり地際から刈ることはせず、風がそよぎ草を揺らすその高さで、ノコギリ鎌をくるくると回転させながら草を刈り、そのことによって草の根を育てるのです。

周りに草があることで、作物が台風でも倒れなくなります。

また、「風の草刈り」をするようになってから、作物をついばむ鳥があまり来なくなりました。

自然農で草の中で育てているので、たぶん鳥が上空から雑穀を見つけられないんですね。おかげさまで鳥の害が一切なくなりました。

団粒構造のふかふかの大地になったおかげで、1メートル20センチの支柱もスーッと刺さっていきます。耕さないので硬盤層という堅い層がなく、特に水脈の近くの畝《うね》は、雑穀の育ちがとてもよいです。

歩くと踵《かかと》が土の中に沈むのがわかるぐらいです。

ある農家さんは、畑を歩いてその柔らかさに「森の中にいるみたい」と話してくれました。

「大地の再生」で水脈を作り、環境改善をしたことで、２０１６年から収量も上がりはじめました。

少ない労力で広い面積の畑を世話できるようになったおかげで、２０１８年には耕作面積も広げ、関わった人数も、前年の２００人未満から７００人超えと3倍以上になっています。

このように、いらしてくださる方たちが増えたことで、つぶつぶに出荷する雑穀の量もアップさせることができました。

それ以降、「大地の再生」の水脈のメンテナンスは毎年欠かさず続けています。

風を通し、水の流れをよくすることで、人の流れとお金というエネルギーも回るということを体感しています。

種と作物を社会につなぐ　ライフシードキャンペーン

私は、毎年の春に雑穀の種を分け、栽培法を伝える「ライフシードキャンペーン」に取り組み続けています。

ライフシードキャンペーンは素晴らしい仕組みです。

40年前に雑穀と出会ったゆみこさんたちが、絶滅危惧種だった雑穀を救うために、全国を歩いて種を探してくださったことから始まった活動です。

日本の地方では、高キビもちやもちキビ団子を作るために、おじいさん、おばあさんが地元の種を守っていらっしゃいました。

それをぜひ分けてほしい。そして、もし育ててくれたら全量買い取るからと、ゆみこさんとパートナーの郷田和夫さんが各地で声をかけてお願いして、絶滅の危機にあった雑穀の種がつながれ、今に至ります。

その活動をずっと続けてきてくださったことに、いつも心から感謝しています。

ライフシードキャンペーンはまた、全量買い取りを保証することで農家を支える仕組みでもあります。

農家さんにとっては、来年も再来年も売る先があるというのは作り甲斐がありますし、経済的にも嬉しいことです。

再生産可能な価格で買い取るということは、来年も頑張って作ろうと十分思える価格で、できた雑穀を引き取るということです。

その仕組みを本当に長い間続けてくださっているこのライフシードキャンペーン。私は、それが大好きでいつもいらしてくださる方たちにお話ししています。

農家にとって難しいことの一つに、販売先を見つけるということがあります。

流通の仕組みに乗せていくのに、どの農家も非常に苦心しています。

販売先に悩む農家さんは、小川町にもいます。

今、移住して新規就農する方がすごく増えました。

ところが、野菜を作ってはみたけれど、ナスならナスで、同じ時期にみんなナスができるので、売れないのです。価格競争にもなってしまいます。

でも、雑穀なら私は全量買いますよ、という仕組みがつぶつぶにはあるのです。

ライフシードキャンペーンは、郷田さんのような本当に信頼している先に売ることができる、そして、顔の見える方に届けることができるという素晴らしいシステムです。

つぶつぶの活動に賛同し、自宅でつぶつぶ料理を実践している栽培者さんのネットワークである「つぶつぶ栽培者ネット」メンバーの中では、毎年会議も開催されます。

28年以上雑穀を栽培している、70代、80代のベテランの農家さんたちと、私のように自給農耕もしている栽培者や新規就農をした若い農家さんたちが、一緒の会議に参加して、今年の栽培について報告しあうことができます。

そして、細かい栽培方法について、例えば種の蒔き方、土寄せのタイミング、防鳥対策などについて、農家さんが長年の経験から得たノウハウを分け与えてくれるのです。

経験を分かちあい次の世代に継承していく。

もう、本当に素晴らしい仕組みだなと思います。

雑穀栽培をしてみたい人、そして少しでも広くやってみたいという人は、まずは自給分からのスタートでもいいと思います。

でも、もうちょっと大規模に栽培したい、農業用機械もあるし、出荷もしたいという方たちは、ぜひ、つぶつぶに問い合わせをしてくださったら、お力になれると思います。

私が自給農で育てている畑で育ち、皆と手で脱穀した雑穀の種をつぶつぶに出荷すると、かわいいパッケージに入って帰ってきます。

「生産者　埼玉県小川町　岩崎信子」とラベルが貼られているのを見ると、喜びも一層膨らみます。

つぶつぶ栽培者ネット産の高キビ

雑穀栽培体験の参加者さんも、

「自分で育てると一粒残さず食べる」

「今までは、いつもこのパッケージを開けてさっと使うだけだったけど、栽培するとその大変さがわかる。作ってくださる方への感謝を伝えたい」

と話してくれます。

たった一人で農耕するよりは、みんなでできることを少しずつ分けあって、それを体験してもらったら、こんなに楽しいことはないです。

一つ手放すと、また一つ入ってくる

今、私は、お米を完全自給しています。そして雑穀も、ほぼ自給しています。

お米作りが楽しくて楽しくて、田んぼを増やすことにしました。

それで、16年やっている5畝の田んぼ以外にもう1枚、1反3畝の田んぼを家の近くに借りて5年間お米作りをしてきました。

面積が増えたぶん大変でしたが、好きなことだから、それでも頑張れて、楽しくやれていました。

でも、どうしても、お米の余剰が出てしまってもったいない。

それで、1枚の田んぼは農家さんにお返しすることにしました。

思い切って手放してみたら、今度は雑穀栽培に集中することができて、つぶつぶに出荷できるようになった！　という経緯があります。

私は、いつもなんでも頑張りでやってきました。

でも、すごい頑張ってやってきたことでも、手放していいんだって思ったら、すごく楽に自由になれました。

今、野菜は作っていません。

顔の見える農家さんから直接買ってお金を回すようにしています。

自分で大豆や麦も自然農で作り、味噌も材料から自家製で作ってそれを楽しんでいた時期もありました。

しかし、小川町には若い農家さんがたくさんいます。

農家さんが心のこもった美味しい野菜を作ってくださるので、直接買わせていただくことでお金というエネルギーを回しています。

私の料理教室ではいつも野菜を配達してもらい、教室で買えるような仕組みも作っています。

小川町のお野菜は抜群に美味しいです。

わからないときは素直に教えを乞う

雑穀栽培を広い畑で始めて1年目のことです。

ライフシードキャンペーンで種を買って、畑を借りることもできた。

さあ育てるぞ！　種を蒔こう！

そう思って、郷田和夫さんの著書で、私のバイブルでもある『育てて楽しむ雑穀　栽培・加工・利用』（創森社）に書いてあるとおりに、300坪の畑に雑穀の種を蒔いてみたんです。

そうしたら、雑穀はとにかくよく育つ！

広い面積を一人でやっていたので、いつ収穫していいか、そのタイミングもわかりません。

もちキビを収穫していると、次のもちアワがもうどんどん熟してしまいます。

あれよあれよという間に、脱粒しやすいもちキビは全部畑に落ちてしまいました。

初めて育てて全部の種類がものすごくよく育ったのに、最後には、たくさんの種が採れて終わってしまい、一粒も食べられなかったという残念な経験があります。

これは誰かに教わらなければ！　と思い、2015年に意を決して、つぶつぶ農法セミナーを受講しました。

当時、新潟県関川村のおおしま農縁さんのところに1泊2日で1年間に6回通う講座がありましたので、そこに参加しました。

その時の同期が、長野で雑穀栽培体験を開催している萩原勉さんです。

群馬の高崎でサラリーマンを辞めて、農家に転身した方もいます。

今でも皆仲良くて、それぞれに栽培を続けています。


プロに習う雑穀栽培はとても勉強になりました。

おおしま農縁さんで学んだことをそのまま小川町で伝えよう。

そして、全国各地に雑穀の畑を増やそう。

つぶつぶ農法を広めて、習った方が、自分の畑で種を蒔きはじめるお手伝いをしよう。

そのような想いで、前述の「雑穀の種まきから調整まで楽しむ会」をスタートしました。

それが進化して、雑穀栽培体験とつぶつぶ料理教室のコラボとなり、現在、皆にお伝えしています。

おおしまさんがいなければ、そして郷田さんがいなければ、ここ小川町の畑もできなかっただろうし、こんなに楽しむことはできなかったと思います。

雑穀栽培の輪がどんどん広がっていく！

私の畑には、北海道からも、九州からも、ときには海外からも体験者の方々が訪れてきてくれます。

その中には、土に触れるのが初めての方もいます（大歓迎です！）。

また、農家さんもたくさん来ます。

今年は、東京都で6町歩（6ヘクタール）の畑――東京ドームが5ヘクタールなので、その1・2倍の広さです！――をされている農家さんがいらして、「来年は、雑穀を栽培したい」と話してくださり、とても嬉しく思います。

京都の自然栽培農家さんは、家族で雑穀栽培1年コースに通ってくださいました。

70代の男性ですが、いつでも最高の学びをすると決めていらして、未来食セミナーScene 1、2、3もすべて受講されています。

家族で自然栽培をされながら雑穀も育てています。

私の畑を見て「これはとても良いランクです」とほめてくださいました。

「風の草刈りで高く刈ってある草と土とで高低差があることで、益虫のてんとう虫が上がっていけるスペースがある。多様性があり、空気が通って微生物が住みやすい良い土ですね」

そう教えてくれました。

◎山形県高畠町・新規就農5年目のなかにし農縁・中西宏太郎さんの栽培面積と収穫量です。

2022年　畑全面積　1反（10アール）

ヒエ　7畝（7アール）収量調整済み　40キロ（うち10キロをヒエ粉にした）

もちアワ　1・5畝（1・5アール）収量調整済み　16キロ

シコクビエ　0・5畝（0・5アール）収量玄穀　6キロ

ジャガイモ　1畝（1アール）収量　30キロ

サツマイモ　1畝（1アール）収量　30キロ

耕して、セルトレイで育苗　44枚　少量の有機肥料施肥

中西さんは2町歩（2ヘクタール）の畑で雑穀と野菜を栽培しています。

◎青森県十和田市・ながやさんの栽培面積と収穫量です。

2022年　畑全面積　3反（30アール）
もちキビ　4畝（4アール）収量玄穀　50キロ
ヒエ　5畝（5アール）精穀後　60キロ
高キビ　2反（20アール）精穀後　300キロ

直まき
完熟肥料　全面施肥　1トン　堆肥散布機で撒く
種まきは、クリーンシーダーで、1反2時間で完了
手で蒔いていたら4日はかかる

ながやさんは、「もちキビの淡いグリーンとヒエの濃いグリーンの葉や穂が風に揺れているのがとても綺麗で、何時間でも眺めていたいほどだった」と語ってくれました。

家族がどれだけの畑を耕せば1年間暮らせるか

雑穀自給暮らしで気になるのが、家族がどれだけの畑を耕せば1年間暮らせるのか？　ということだと思います。

お米に関しては16年の実績がありますので5畝（5アール）を耕せばよいとわかります。5畝とは、150坪です。ちょっと広めの建売の３つ分、そのくらいの広さです。

それくらいの田んぼで、４人家族が丸々1年間暮らせる量のお米を、すべて手作業で育てることができます。

農業にはトラクターなどが必要というイメージがあるかもしれませんが、機械がなくても、種籾《たねもみ》を手で蒔き、手で田植えして、手で刈り、手で縛って天日干しして、脱穀するところまでやることができるのです。

ただ、田起こしと代かきのときだけは、農家さんに機械をお借りしています。

これも地元で米作りをイチから教えていただいたご縁のおかげです。

小川町は、いつでも困ったときに相談できる、助け合う、人を迎え入れてくれる町です。

だから、農家ではない我が家でも、このように畑を続けていくことができ感謝しています。

今も、家族4人が食べる分と、料理教室やセミナーでお出しするお米は、全部自給できています。

雑穀の自給に関しては、1反（10アール、300坪）の畑ができれば叶うと思います。

私が今育てているのは、埼玉在来もちキビ、埼玉在来もちアワ、高キビ、ヒエ、アマランサス、シコクビエ、うるちアワ、もちアワ、あとは、こぼれ種からできるエゴマです。

埼玉在来のもちアワは、小川町に越したときに雑穀地ビール屋さんから分けていただいた種です。それを17年間つないでいます。

埼玉在来のもちキビは、小川町に種に詳しい農家さんがいらして、その研究所から分けてもらった3種類の在来種の種です。それをつないでいます。

どちらも在来種で、その土地の気候風土にあった種です。

我が家では、細かく数えると10品目を作っています。

こうやって、少しずつ少量多品目を作ってもいいと思います。

もしくは、20キロ以上のまとまった収量が確保できるようになれば、「調整」といって、最終的に食べられる状態にするために、雑穀をつぶつぶに出荷したり、製米所に出したりすることができるので、一つの品種をたくさん作るのもよいでしょう。

食卓から畑をデザインする

「どの雑穀が育てやすいですか？」

という質問もよくいただきますが、私はいつもこう答えます。

「自分が食べて好きな種類を育てるといいよ」

もちキビが食べたいなら、もちキビを育てるといい。

すると育てていてモチベーションが上がるし、頑張ろうと思える。

食べたいからまた種を蒔く。

こういう、いい循環ができます。

未来食つぶつぶは、穀物が8割、野菜が2割の食事です。

これを、そのままを畑にデザインすればよいのです。

つまり、畑の作付けも、穀物が8割、野菜が2割でいいということ。


食卓と畑をつないでデザインする。

大地はどこまでもキャンパス。

自由に描くことができます。


雑穀や野菜を作る過程では、いろいろな思い出が生まれます。

その年の暑い中での草刈り。あのときは、カエルがここで鳴いていたよね。鴨が飛んできて、苗が倒されちゃったよね。

そういう風景を体験すると、私たちも生き物と一緒なんだな、自然と共に生きているんだな、と心から感じます。

食べるものには物語がある。

そのストーリーを知ると、生きる力になります。

プランターでも売り物級の雑穀が作れる

雑穀は、プランターでも育てることができます。

プランターだと目も届き、毎日成長を楽しむことができます。

これなら広い土地のない都会でも大丈夫です。

私の栽培体験の生徒さんが、このプランター栽培に初挑戦。

プランターで育てたアマランサスの高さが1メートル50センチを超え、まるで売り物みたいな綺麗な種が取れて驚きました。

これならライフシードキャンペーンでも分けられる品質です。


最近は、雑穀を調整できる家庭用精米機（MB-RC52）も販売されています。

山本電気という会社のもので、オプションの雑穀用のカゴとセットで買うと、自宅で簡単に雑穀を食べるところまで調整することができます。


雑穀作りのハードルは以前に比べて、だいぶ下がっています。

だから、とにかくやってみたらって話します。

「この面積でどれだけ採れますか？」

とよく聞かれるのですが、ケースバイケースなのでとにかく種を蒔いてみること。

好きな品種でいいからやってみることです。

蒔いたら芽が出る、それが雑穀パワーの真骨頂！

私は、お米や野菜も育ててきましたが、雑穀には特別な想いがあります。

雑穀を栽培して1年目。

郷田さんに教わったとおりに、苗箱を買って土を入れ小さな種を蒔きました。

毎日水やりをし、5日後くらいにその中からツンと出た細くて小さな芽には、今まで育てたお米や野菜と全然違う力強さと勢いがあったんです。

こんな小さな種からこんなに勢いのある芽が出るなんて!!


その芽はもちアワだったのですが、こんなに力強いんだ！ と本当に驚きました。

私は、寝込んでいるところからもちアワ料理を一度食べただけで、翌朝くるっと起きることができた経験があるのですが、「雑穀の力はそこなんだ、だから底知れないパワーがあるんだな」とその芽を見たときに確信しました。

お米や雑穀は、蒔いたら芽が出る食べもの、つまり種。

私たちは、それを精米・精穀して食べています。

だから元気になるんだ！　力が湧いてくるんだ！


雑穀は関わる人も元気にしてくれます。

秋には、収穫してみんなニコニコ笑顔です。

春から通ってきて、月に一度しか来ないのに、大地はこんなに実りを与えてくれるんだ！

あんなに小さな種から、両手に抱えるほどになるなんて、本当に一粒万倍！

皆、感動してくれます。


栽培体験で月に一度畑に通うことに慣れたら、次は自分の畑。

自分の畑で月に二度通うことができれば、雑穀は育てることができます。

最小の入力で、最大の効果が得られる。穀物の力です。

そのためには、最適期にタイミングよく作業に入ることが大事。経験こそが知恵になります。

だから、繰り返し、繰り返し栽培を続けることが大切なのです。

これからの時代に大切になる「食・エネルギー・種」の三大自給

栽培体験でお金が回りだし、生産量も増える、人もたくさん来てくれる。
そのことで得た収入を、また違う形で還元していきたいと思っています。

昨年から私は、「大地の再生」だけでなく、建築や自然農法など、風土の再生を本気で学べる「風と土のゼミ」に通っていて、小川町でその方法を伝えられるようになろうと、勉強中です。
「大地の再生」とつぶつぶ料理がつながったなら、自然農で雑穀を作り自給生活を送るというカタが、本当に実現可能になっていくと感じています。

将来、世界中が注目するようになる雑穀畑。
新しい生き方が小川町にあります。

雑穀栽培、そして自然農、「大地の再生」によって3年目から変わった、土がふかふかの大地がここにあります。

生前、金子美登さんはご自身の霜里農場の蔵に「種の図書館」を作りたいと話していました。

それを今、私は仲間たちと実現しようと動きはじめています。


食の自給、エネルギーの自給、そして種の自給。

これは金子美登さんの言葉です。

「これからの時代、食とエネルギーと種、それを地産地消していくこと。それこそが地域が元気になる力になる」と金子さんはいつもおっしゃっていました。

私が主宰する料理教室『畑へおいで！』に来ていただければ、雑穀の育て方・食べ方を知ることができます。

地球規模での変化が続くこの時代、種を持ち、それを育て美味しく食べる方法を知ることは、とても大切です。


田舎での仕事創造のモデルとしても、その魅力を伝えています。

ここには、農と食、豊かな自然が身近にある。

イキイキとした楽しい暮らしがあります。

小川町をぜひ一度訪れてみてください。あなたの夢が鮮明に描けるかもしれません。

畑に出よう、種を蒔こう、暮らしを変えよう！

つぶつぶ料理教室は、今、全国に120会場あります。

そしてこれをゆみこさんは1万教室にすると宣言して言葉にしたので、私たちもそこに向かって動き出しています。

つぶつぶ料理教室って、結構みんな田舎でやってるのです。

私のところも駅からは6・5キロも離れていますし、もっとすごく遠くにあって交通の便が悪いところもあります。

でも、なぜか、たくさんの人がやってきてくれます。

「なんか楽しそうだから行ってみたい」

「そこに行けば何かが得られるんじゃないか」

そう思って、皆さん足を運んでくださるのだそうです。

ときには海外からも訪ねてきてくださいます。

つぶつぶ料理を教えるのも大好き

高キビのチョコレートケーキ

同じ高キビでハンバーガーもできる。これが畑で育てられるなんて楽しくってしかたない

来てくださる方の中で特に多いのは、「暮らしを変えたい！　生き方を変えたい！　田舎暮らしがしたい！」と農に興味のある方たち。男性もすごく多いです。

この本を手に取った方は、ぜひ今すぐネットで「つぶつぶ料理教室」と検索してみてください。きっとお近くにあると思います。

そして、まずはその料理を食べにきてください。

きっと、何かがあなたの中で目覚めるはずです。

雑穀の種はどこで買えるでしょうか？

ライフシードキャンペーンでは、毎年4月から5月の間、未来食ショップつぶつぶのオンラインショップで、無農薬の在来種の種を550円でお分けしています。

とても美味しい品種、育てやすい品種を、郷田さんが分けてくださっているので、それを見つけて、5月に種を蒔いてみてください。

「何の種を蒔こうかな？」と今からワクワク未来を描いて、準備を始めてみませんか？

全国の雑穀栽培体験×つぶつぶ料理レッスンコラボの仲間たち

現在、雑穀栽培体験とつぶつぶ料理レッスンのコラボ企画を開催する仲間が全国に増えつつあります。

今年2023年には全国6カ所で開催しています。

現在活動中の仲間たちをご紹介しましょう。

【岩手県岩泉町「つぶつぶ料理教室コスモス」佐々木眞知子さん】

岩泉は雑穀の里です。

昭和40年代後半まで白米だけのごはんが食卓に上らなかったと眞知子さんが話していました。「白米にヒエと麦を混ぜたのがごはんだった」というのが昭和47年の話。私がもうすでに10歳になっている年でびっくりしました。

眞知子さんのもとに行くと、日本古来の雑穀の栽培の仕方が学べます。

種の直まきのやり方や、収穫した後、乾燥するまで積んでおくヒエ島の作り方など、貴重な伝統の技を、地元のおばあちゃんたちが伝授してくれます。

「雑穀研究会　穂待《ほま》ち娘」も立ち上げているので、地元の方たちの応援もあり、毎回全国から20名ぐらいの参加者さんがいます。

【山形県高畠町「なかにし農縁」中西宏太郎さん】


高畠町と小川町は、有機農業の里として長い付き合いがあります。

50年前から有機農活動をしている星寛治さんがいらっしゃる町でもあります。

中西さんは、新規就農されて5年目。

元はエンジニアで車の整備士。奥様はつぶつぶ料理コーチです。

私が福島に行ってつぶつぶ料理体験会をしたときに参加されていて、私の体験談を聞いて、

「信子さん、僕、雑穀育てます！」

と言ったことがスタートだったそうです。

未来食セミナーScene 1も受講。

3人の娘さんたちとつぶつぶスイーツを作るのが得意です。

現在2町歩（2ヘクタール）の広大な敷地をお持ちで、雑穀畑の広がる美しい景色の中で、栽培体験をすることができます。


【新潟県関川村「おおしま農縁」大島勉さん】


雑穀栽培歴23年。

私が栽培を教わった先生でもあります。

奥様の五月さんは新潟の人気つぶつぶ料理コーチです。
雑穀をこよなく愛するご夫婦です。
家族まるごとのつぶつぶ暮らしを体感することができるでしょう。

【埼玉県小川町「未来食つぶつぶ　畑へおいで！」岩崎信子】

私の料理教室です。
池袋から1時間のところにあります。
どうぞ足を運んでみてください。
未来食セミナーの講師もしています。
雑穀を栽培していると、暮らしがそれで成り立つという感覚があります。
食の自給、農の自給、そして、共に歩む学びの場。
なぜかここに来ると安心する、ハードルが下がるってよく言われます。

【長野県飯山市「はぎさんち」萩原勉さん】

萩原さんは、いろいろな場所を転々として暮らしてきたそうです。

そして選んだ場所は、長野県の北の飯山市。

大きな藁葺《わらぶ》き屋根があちこちにある美しい景色の中を、山に向かって上がっていった先の集落の一番奥。湧き水が流れるところにある小さな古民家を改装して、自然農で雑穀を栽培されています。

九州からのご参加者もいるそうです。

【青森県十和田市「ほっこり農園」ながやなおこさん】

栽培6年目。

ライフシードキャンペーンの種で少量から始め、2年目には10アール作付し、つぶつぶへ出荷する夢が叶いました。

今は3品種を30アールで栽培されています。

皆さん、応援よろしくお願いします！

雑穀栽培体験×つぶつぶ料理レッスン
開催教室（2023年４月現在）

宣言！　豊かに経済も回せる雑穀自給ライフスタイルを広めます

２０２３年、私は新講座をスタートしました。

「本気で自給したい人のための雑穀栽培講座」と現在構築中の「プロ向けの雑穀栽培講座」です。

◎本気で自給したい人のための雑穀栽培講座

本気で雑穀を自給していきたい人のための、栽培計画から1年間のサポート付き。「自宅で使う雑穀を、自分の畑で収穫する」がテーマ。「やってみたい！　楽しむ！」という雑穀栽培体験コースにプラスして、「ちゃんと育てて自分たち食べる分の収穫を得たい！」という方に向けた本気の雑穀自給コースです。

◎プロ向けの雑穀栽培講座（構築中。２０２４年にスタート予定）

山形小国町のつぶつぶ栽培者ネットメンバーの渡部茂雄さんは、大規模の雑穀農家です。つぶつぶにもたくさん出荷してくださっています。

渡部さんは、いつも私たちつぶつぶ栽培者ネットのメンバーに、貴重な情報を教えてくれます。

機械の使い方、トラクターでの耕し方、コンバインでの雑穀の刈り取り方などを惜しみなく教えてくださいます。

渡部さんが雑穀ファンクフブのみなさんと苗箱200枚でおこなう楽しそうな種まき、そして、ハウスにズラーっと並べられたそれらの苗箱から一斉に発芽する様子は壮観です。

この講座では、プロ向けの雑穀栽培講座として、渡部さんの知恵を分かち合える場を作り、つなげていくことで、新規就農したやる気のある若手農家さんを応援していきたいと思っています。

つぶつぶ料理教室1万教室のためにも、日本での雑穀栽培者を増やすことが急務です。

そのためには、まずは自給から。

一人一坪の畑で種を蒔くことから始めること。

そこからさらに畑を広げていきましょう。

私の夢は、全国47都道府県に雑穀栽培体験×つぶつぶ料理教室を作ることです。

豊かに経済も回せる雑穀自給ライフスタイルを広めます！

自分の未来を描きながら、足元も見て、大地にコツコツと種を蒔いていくことを続ける。

在来種の種を守り継承する。

自分の未来は自分で創ることができることを伝えたいです。

大人も子どもも一緒になって、汗をかき、泥んこになって、地球と遊ぼう！

小川町に世界中から視察にくる雑穀畑を作ります！


初めて雑穀の種を蒔いて芽が出たときの感動。

暑い夏に汗びっしょりになって一緒に地球と遊んだこと。

そのとき感じたこと、思ったこと、初心を忘れずに、いらしてくださる皆様に、ここが第二の故郷と思っていただけるよう、私は種を蒔き続けます。


雑穀畑に立つだけでエネルギーがいっぱいになります。

みなさんにも畑に来ていただき、体を思いっきり動かして、汗びっしょり、泥んこになって地球と遊んでほしいと思います。

今、目の前にあることに全力で取り組み、エネルギーを出し切る心地よさを感じてほしいです。

ときには、心を休めにやってくるのもよいと思います。

自然はいつでも受け入れてくれます。

大地に心に種を蒔こう！

種を蒔いたら聞かせてくださいね。

畑であなたに会える日をとても楽しみにしています。

大公開!

つぶつぶ農業経営のリアルな収入と毎日のスケジュール

《2022年の収入》

・栽培体験　売上 496万円
・料理教室　売上 216万円
・セミナー　売上 328万円
・その他請負管理費及び養成講座など40万円
＝1,080万円

講座参加人数　1,209人

講座開催回数　・栽培体験　32回開催 / 実働32日
・料理教室　126回開催 / 実働85日
・セミナー　29回開催 / 実働50日

実働日※　計187日 / 年

※実際に参加者さんがいらして、栽培体験、料理教室、セミナーを開催している日数（仕込み含む）。

《ある一日のスケジュール》

5：30	パソコン仕事、掃除、洗濯
7：00	主人と朝の会議 料理仕込み
9：30	小川町駅迎え
10：00	雑穀栽培体験開始 自己紹介 旬の野菜のつぶつぶ料理レッスン
10：30	畑へ GO ！　栽培体験
12：00	つぶつぶ料理仕上げ 広いテラスでランチ♪ 午後も畑で栽培体験
15：30	つぶつぶおやつ＆シェアタイム 終了
18：30	夕食
20：00	事務仕事やのんびり
22：00	就寝

《雑穀栽培体験×つぶつぶ料理レッスン》

1年コース…月に一度年9回開催
（休日コース／火曜コースの2コース）

4月	雑穀の苗箱の土作りと畑の水脈づくり
5月	雑穀の種まき
6月	雑穀の苗植え
7月	雑穀畑の風の草刈り、田んぼの草取り
8月	風の草刈りと防鳥対策
9月	雑穀の収穫
10月	雑穀の脱穀
11月	雑穀の調整
12月	雑穀もちつき

ごはんの力 田んぼ1年コース…年9回開催

4月	籾《もみ》蒔き
5月	苗代作り
6月	代かき、田植え、草取り

7月	草取り
8月	草取り
10月	稲刈り
11月	脱穀、収穫祭

1年の半分は、どなたかが教室にいらしてくださり、他に、事務仕事や研修も含めると週の4日は仕事をして、一人での農作業は週0～1日。休日は週2～3日。どこかへ新しい人に出逢いに遊びにいく。

このカタで、一日を、一週間を、一年を動いています。好きで仕方ない雑穀畑や田んぼで過ごすことが仕事となり、雑穀を中心に、食と農が循環する暮らし。未来食のおかげで楽々ちゃっかりと叶っています。

金子美登さんのおっしゃる食とエネルギーと種の自給。そして地域で循環すること。私は今まで、金子さんのエネルギーという言葉は「自然エネルギー」とばかり捉えていましたが、ゆみこさんから教わった、お金や時間というエネルギーと私の中でたった今つながって、もっと大きなエネルギーの意味だったんだ！　と気づきました（岩崎）。

第2部

未来食つぶつぶ×雑穀栽培で食と経済の主権を取り戻す

大谷ゆみこ
（未来食創始者）

〈食と経済の主権を取り戻す〉とは？

私が**未来食つぶつぶ**の取り組みを始めた一番の理由は**「人生の主権を自分の手に取り戻したい！」**という強烈な衝動からでした。あまりにも経済と物質優先の、複雑なのに単調な世界の中で、どう生きたら良いのかを模索していました。

幸運にも**30歳のときに雑穀と出会い**、そのおいしさに衝撃を受け、その消滅の歴史を辿ることで、日本の歴史の真実を知ることができました。そして、**人間本来の食のあり方**を取り戻すことができたのです。

そのおかげで、増大している食にまつわる不安や恐れや迷いからも解放されました。

以来、薬や病院に依存することなくゆるぎない健康を謳歌、１９５２年辰年生まれながら、今も、天使の輪が自慢のツヤ髪、贅肉のないしなやかな体を維持、体力も気力も衰えるどころか年々高まっているのを感じています。

1982年から40年以上、未来食つぶつぶを伝え続けている

広葉樹に囲まれた山裾《やますそ》の森に住み、七色の雑穀畑を耕して、幸せを運ぶ経済循環を育てながら、のびのびと活動を楽しんでいます。

暮らしの探検家として、暮らしの中で「遊び」「学び」「働く」をテーマに人生の探究も続行中。

私が手にした開放感に満ちた幸せを分かち合いたいと思って活動を続けています。

つぶつぶは、私が**雑穀につけた愛称**です。

未来食つぶつぶを実践して、温かくしなやかで贅肉のない新陳代謝の活発な健康な体と、恐れや不安のないしなやかな心を手に入れて、輝いて生きることを一人ひとりが始めること。

それが**世界を輝きのある時空に変える最短の方法**と確信を深めています。

そのために、食生活運営システム＆料理術**未来食つぶつぶ**を伝えるセミナーを運営し、**つぶつぶ料理教室**ネットワークを育てています。

家にいながら食と経済の自立を実現できる新しい生き方を伝える**つぶつぶ料理コーチ養成講座**で学んだ北海道から九州まで全国のメンバーの家庭で、2023年1月現在、120の教室が運営されています。

1万教室を目指して育成プロジェクト推進中です。

そして、**未来食つぶつぶ**の実践に欠かせないのが、**メイン食材、雑穀の自給**です。

そのために1997年から**「いのちの種・雑穀を育てよう！　プランターからの一歩を！」**と呼びかける**ライフシードキャンペーン**を展開してきました。

在来の雑穀の種を配布し、育て方を伝え、生産者を発掘する活動です。

呼びかけに応えて、未来食つぶつぶ実践者の中から雑穀の栽培に取り組む人が現れ、その輪が全国に広がっています。

その中から**つぶつぶ料理教室×雑穀栽培体験**という夢のプログラムが生まれました。

雑穀のある耕す暮らしと雑穀のある料理する暮らし、この二つのエネルギーが重なることで、健康でおいしい日本の食文化が蘇ります。**食の主権、生命の主権**、ひいては**人生の主権**を取り戻すための**雑穀よみがえりプロジェクト**が各地でスタートしています。**生命エネルギーの循環に包まれた豊かで主体的な田舎暮らし**という新しいムーブメントが生まれ、その波紋が全国に広がっています。

未来食つぶつぶ５つのガイドライン

未来食つぶつぶは、５つのガイドラインに則した食生活の提案です。

私たちの日々の生活はブラックボックスになっています。例えば、毎日食べているものの多くが、どこから来たのか、どのように作られたものなのかわからない、知らない間に誰かを搾取したり、環境を破壊しているかもしれないもので自分の生活が成り立っている、ということがずっと気になっていました。

透明な流れの中で生きていきたい。

せめて、毎日の食生活はブラックボックス依存から抜け出したい、シースルーボックスに変えたい、と強く思っていました。

それを実現した食生活が、雑穀を中心に大地の恵みで組み立てられた食の提案「未来食つぶつぶ」です。

毎日毎日、何回も食べる食事の質が体と心を創ります。図に示した5つの条件に叶った食生活、それが、いのちを丸ごと支える未来食です。

1番目は**体と心においしい食生活**です。

舌においしいだけでなく、心にも体にもおいしいこと、つまり、体が本来求めている栄養に富み、安心して豊かな気持ちで食べられる食が最重要の条件です。

2番目が**地域自給可能な自立型食生活**です。

輸入に依存しない自給型食生活がいのちを安定して支えてくれます。

未来食つぶつぶ5つのガイドライン

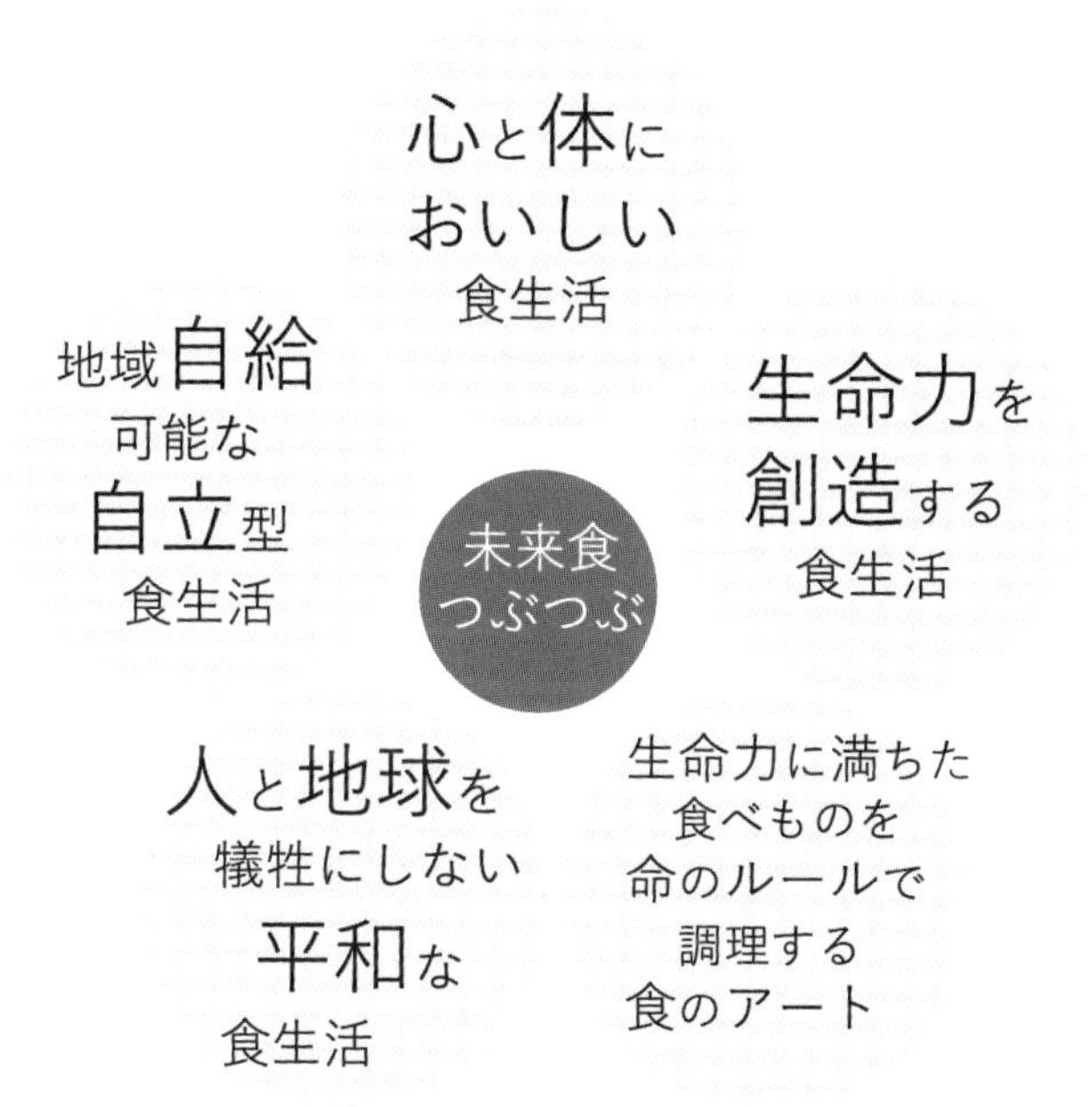

「人は四里四方（半径16キロメートル）の範囲内で収穫できる食べ物で生きていけるようにできている」というのが先人の教えです。

私たちが国産の食べもの、なるべく近いところで収穫された食べものを食べることを心がければ、地域も国も自立できます。

3番目が**生命力を創造する食生活**です。現代の歪んだ食生活は、食べるごとに体の働きを狂わせ生命力を消耗し続けています。

本来、食べものは生命エネルギーを補給するもの、体本来の働きを応援するものとして存在しています。

食生活が果たすべき当たり前の役割を果たすために生まれたのが未来食つぶつぶです。

そして4番目が**人と地球を犠牲にしない平和な食生活**です。

未来食生活にシフトすれば、毎日の食卓がブラックボックスで成り立ち、知らない間に搾取や人権蹂躙や環境破壊に加担しているような食生活から抜け出せます。

最後が**生命力に満ちた食べ物を命のルールで調理する食のアート**です。

大地が生み出す穀物や野菜たちは天地のエネルギーの結晶です。

そして料理は生命エネルギーの造形をモチーフにしたアートです。

食と農のつながる暮らしを支える未来食の料理術

「食べる」と言うと食卓に並んだものを食べることと思っていませんか。

実は、食べる行為は種を蒔くところから始まるものだったのです。

そして育つプロセスと関わりながら、感謝して喜んで収穫して、さらにそれらを取り合わせて料理して食べる。

食べたら体の中ですごいエネルギーの融合が起きて、健全な新陳代謝が行われ揺るぎない健康をもたらします。

そして必要なエネルギーを吸収した残りは速やかに排泄する。そのすべての循環こそが「食べる」ということなのです。

健全な畑、ワクワクの料理時間、おいしい食卓、健康な体、これが循環していること。

この循環丸ごと一つが食べものです。

それなのに、目の前に、作られた料理がポーンと来てそれを食べるだけだと、食卓に並ぶ前の大地とのコミュニケーションという栄養、料理することを通しての食材との触れ合い、という前後が全く無いので、量をたくさん食べたくなっちゃうのです。
刺激を求めたくなっちゃうのです。
いつもなんとなく足りない感があるのもこのつながりから切られてしまったからなのです。

この**切られたつながりを取り戻したい**と、多くの人々が田舎に行きたい、もっと大地とつながった暮らしをしたい、と思うようになっています。
思うだけでなく行動に移す人が増えています。

未来食つぶつぶはその望みを楽々叶えてくれる**いのちの運営術**です。

日本生まれの砂糖ゼロクッキングメソッド
ジャパンズビーガン未来食つぶつぶ

未来食つぶつぶには、他には無い5つの特徴があります。

種を蒔き、
収穫し、
料理して、
食べて、
消化し、
排泄する

そのすべてが
食べる
ということ

健全な畑
自然農で雑穀栽培
地球

おいしい
食卓
未来食つぶつぶの
雑穀料理
暮らし

健康な心身
大地と繋がった
暮らし
体

1つ目の特徴は「本能に響くおいしさ」です。
毎日の食に食べる楽しみがなければ続かないし、健康にもなれません。
未来食つぶつぶには、日本伝統の食材の組み合わせだけで簡単に作れる現代感覚のおいしい料理とスイーツのレシピが3000点以上あります。

2つ目は「日本の風土が生んだ日本人の体質に合う食システム」です。
日本の伝統の食システムを、生理学や細胞生物学など最先端の研究と照らし合わせで再構築した健康な心身を作る食のシステム、大切な命を運営するための食のシステムです。

3つ目の特徴は「雑穀と野菜が主役の栄養バランスの優れた料理」。

4つ目の特徴が「砂糖ゼロ」。
発酵食品である甘酒と麦芽飴以外の甘味料はスイーツにも料理にも一切使いません。

そして5つ目が「ヴィーガン／精進」であること。

未来食つぶつぶ５つの魅力

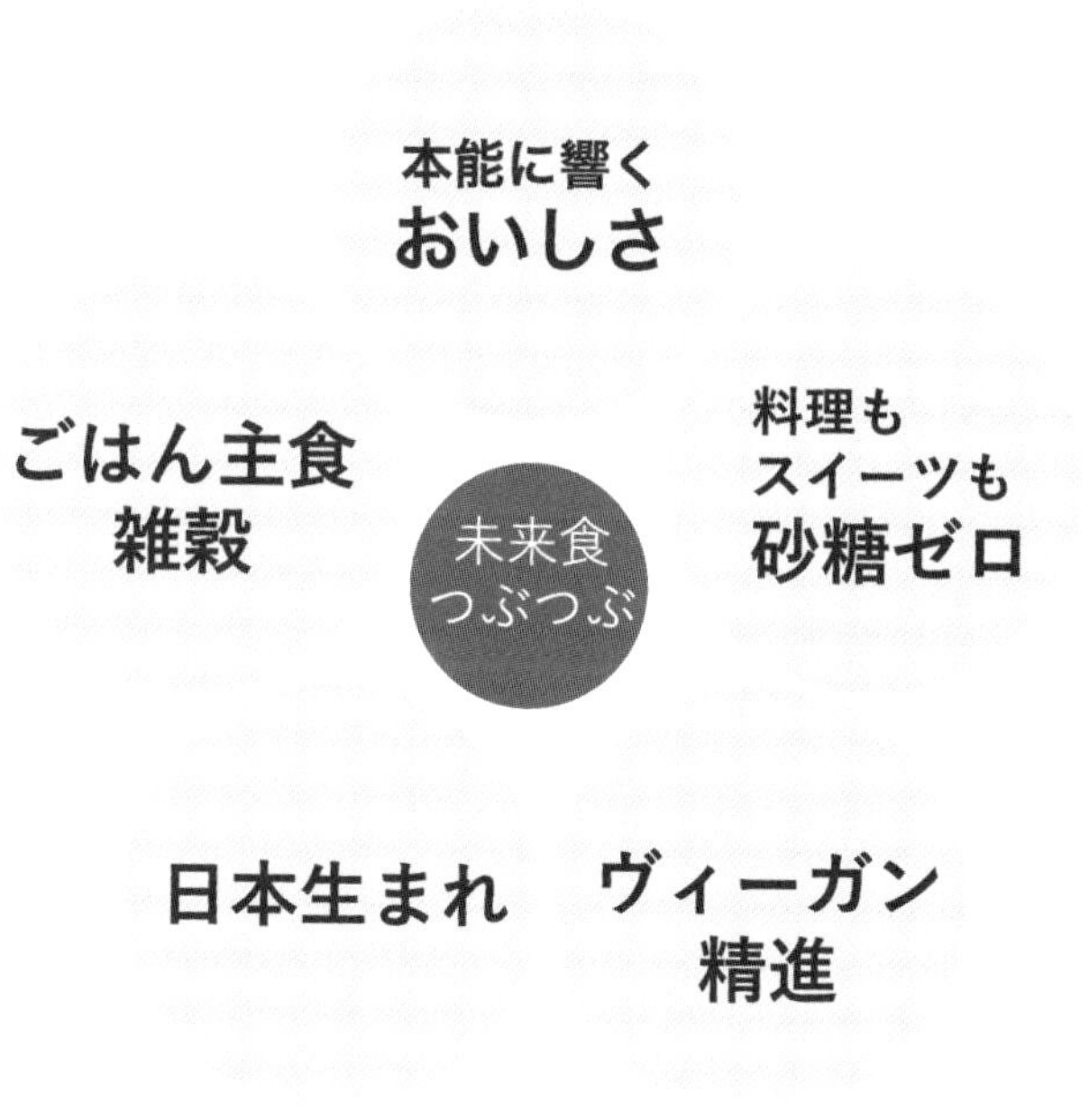

1944年にイギリスで「ヴィーガン」という言葉が生まれるはるか前から明治4年までの1000年以上の間、さらにはその前から、日本は動物食を禁じられた穀物菜食の国でした。古来の日本食は基本「ヴィーガン／精進」だったのです。

一文で表すと、「未来食は日本で生まれた雑穀と野菜が主役、ごはん主食の栄養バランスの優れた、おいしい砂糖ゼロクッキング」です。

雑穀と共に消えた食と農と暮らしの主権を未来食で取り戻す

途切れた生命のつながりを取り戻したいという衝動が多くの人の内側から湧き起こっています。

「田舎に住みたい」

「もっと大地とつながった暮らしをしたい」

あなたがそう思うのは、こういうことを何となく感じているからです。

私たち日本人が自分の手で「食と農と暮らしの主権とつながり」を取り戻す試み、それが雑

和・洋・中華・イタリアン・フレンチ・エスニック、そして世界の郷土料理まで

雑穀と野菜から砂糖ゼロで作ります

穀を食卓に蘇らせた「未来食つぶつぶ」です。

雑穀は、縄文時代初期の頃から日本の食生活の要として存在していた食べ物です。

つながり循環する暮らしを支えてきた日本人の命綱だったのです。


40年前に雑穀と初めて出会ったときの衝撃が今の活動につながっています。

古代から日本人の命を支えてきた主食作物である雑穀が、地域によっては昭和40年代後半まで主食作物だったのに、忽然と食卓から消えてしまったのは、なぜ？

その疑問を辿り始めてわかったのは、消えたのは雑穀だけではないということでした。

雑穀の消滅とともに消えたのは「食と農と暮らしの主権とそのつながり」でした。


食と農と環境がなければ人間は生きていけない。

ところが現代社会では、そのすべての中に得体の知れないものや、本来の仕組みと違うものが山のように入り込んでいます。

それが私たちの心身の病的状況の根本原因です。


雑穀を畑に、そして食卓に取り戻すことで、健康が得られるだけでなく「食と農と暮らしの

食と農と暮らしのつながりが
雑穀と共に蘇る

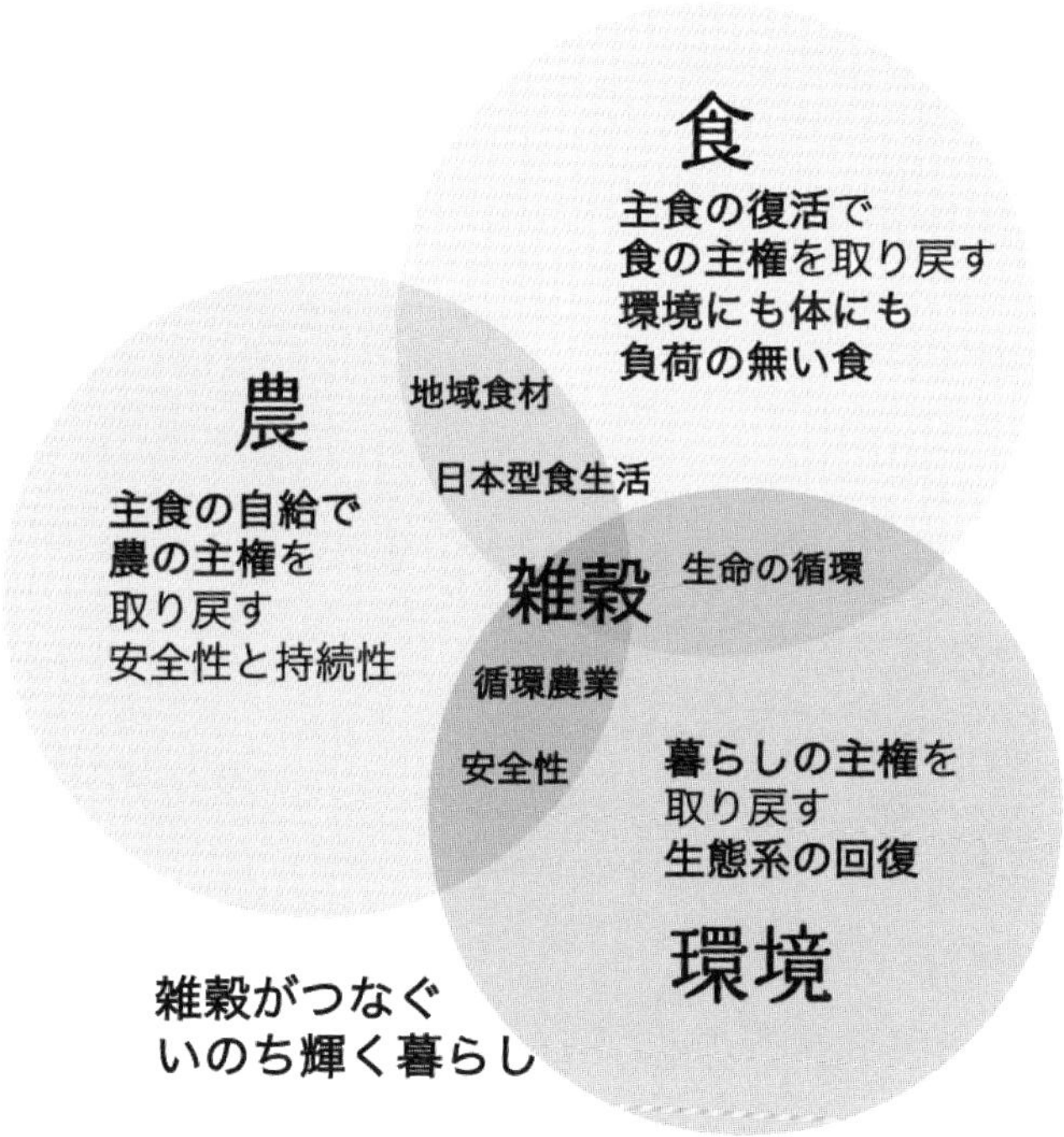

主権」を取り戻すことができます。

健全な生態系を守ることにもなります。


全国に広がる「つぶつぶ料理教室ネットワーク」では、「ほらね、こうやって食べれば簡単においしい食卓ができるんだよ」「健康が当たり前の体で毎日を楽しめるんだよ」と手料理から健康な未来を創造できる未来食つぶつぶの料理を伝えています。

シンプルで豊かで安全だった日本の食

ほとんどの人がすっかり忘れていますが、戦前までの日本の食のベースは、左のイラストのように、中心にごはんのある美しい同心円で表せるシンプルなものでした。

私たち日本人は、ごはん山盛り、おかずちょっとで元気に健やかに暮らしてきたのです。


雑穀や米や麦、蕎麦などその土地土地の穀物が主食のごはん。

食べると言ったらごはん、そこに副食のおかずは旬の野草や野菜、海草を海の塩で調理し、さらに塩と旬のものの合体で作った漬物や味噌や甘酒などの発酵食品を毎日食べる、大地のエ

シンプルで豊かな
戦前までの日本の食

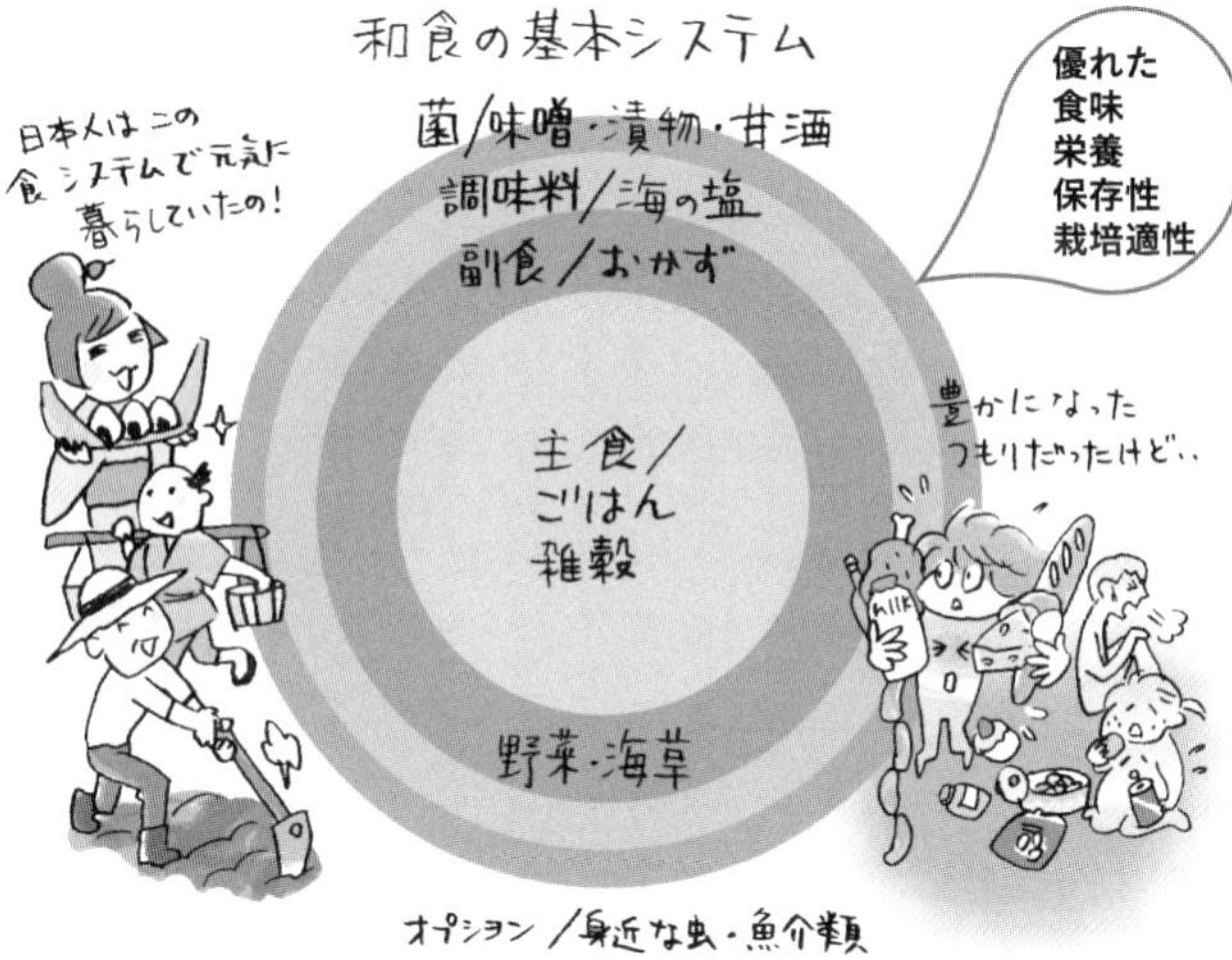

ネルギーと微生物パワーにあふれたシンプルでおいしい食生活、それが日本の食文化でした。

食味も優れ、栄養価も優れ、保存性も優れ、栽培適性もあるという優れた食文化、日本の風土と歴史から生まれた食システムで日本人の命はつながれてきたのです。

それなのに、戦後、日本の食生活は栄養価の低い栄養バランスの悪い食事という事実と反する教育がスタートして今に至っています。

破壊された日本の食システム

戦前までの日本人は、ごはんが主食。

「わーい、ごはんだ！」と言いながら、植物性食品を組み合わせた旬のおかずを手料理で楽しんでいました。

そして、それこそが生きるシステムだと知っていました。

発酵食が暮らしの中にがっちり入っていて、日常風土食としての普通の食事を楽しみ、食べ物を信頼し、大地を信頼し、祖先を信頼し、自分自身の体を信頼して生きていました。

戦後77年、
破壊された日本の食システム

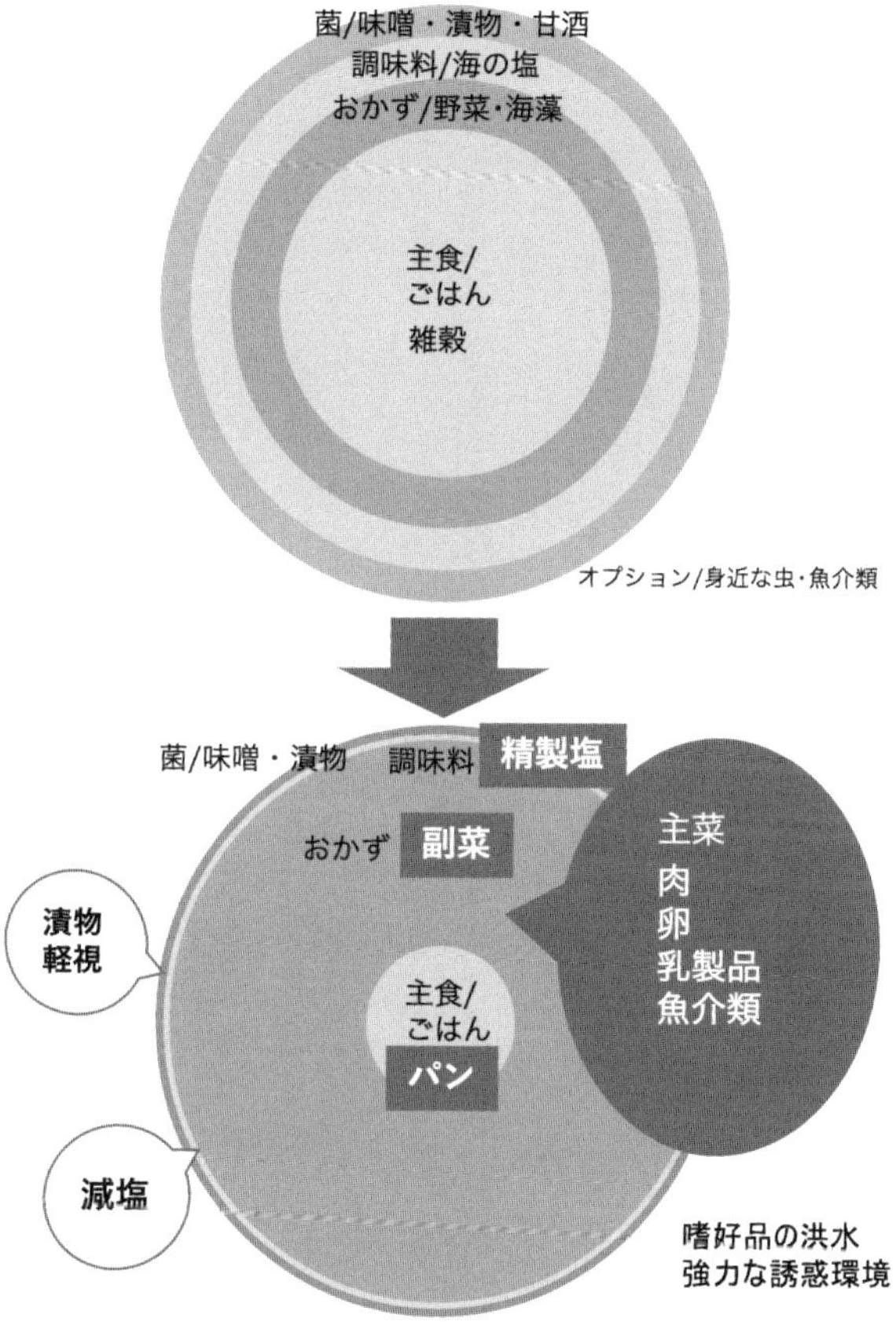

それが、戦後になって、アメリカ軍に支配された政府の主導で栄養学が導入され、動物性食品を主菜と呼んで主食より上位に位置づけました。

ごはんを栄養価の無い食べ物と評価し、健康の敵という価値観を広めました。

塩で高血圧情報が広まり、漬物や味噌汁が有害という認識を広め、減塩こそが健康的という教育が徹底してなされました。

その結果、美しい日本の食システムは今や完全に破壊されてしまいました。

そして、温かくしなやかで贅肉のない新陳代謝の活発な健康な体が当たり前だった日本人は、冷えて固い贅肉と老廃物だらけの新陳代謝の不活発な不健康な体に悩まされるようになったのです。

慢性不調と肥満、難病の蔓延。

まだベビーカーに乗っているような子どもがメガネをしている、という驚くようなことも起きている緊急事態です。

ベジタリアンだからとか、オーガニックだからとか、砂糖が入っていないからとか、そういうレベルでは解決できない構造的な問題です。

この構造的な問題を、ニコニコと楽しく知恵と技で楽々解決する食システムが未来食つぶつぶです。

＊詳しくは、『７つの食習慣汚染』（メタ・ブレーン刊）をお読みください。

ざっと日本の食がどう変わってきたかをおさらいしたいと思います。

私はもう70年生きていますが、私の30年後くらいに生まれた人たち、つまり今40歳前の人になると、日本の食というと現在の定食屋に並んでいるようなものをイメージするのではないでしょうか。

戦後、栄養学を広め、肉、牛乳、卵のある生活への転換を推進するために、「主菜」という新語が作られました。

主菜と与ばれたのは、動物性食品です。

また、同じ「主」という言葉で、主食より主菜が上位だという指導をしました。つまり、美しすぎて入る余地がない日本の食生活に動物食をねじ込むための第一作戦として「主菜」という言葉が作られたのです。

そして、肉、卵、乳製品、魚介類こそが一番重要なたくさん食べるべき食べ物という指導をしたのです。


ごはんよりもパンのほうが栄養がある。

西洋人のようにパンを少し食べて肉をいっぱい食べなさい。

牛乳を飲みなさい。バターを食べなさい。

そして、ごはんを減らしなさい。

そしたら健康になれるよ。


塩で高血圧になるという情報も広められ、漬物や味噌汁が有害という認識が広まり、東北のおじいちゃんたちは、毎日ずっと楽しんできたお味噌汁も漬物も、「おじいちゃんダメよ」と言われて食べられないという、恐ろしいいじめの世界が登場しました。

その間に塩が本来の塩から、精製された化学物質になるという生命にとって危機と言える変化が着々と進められてきました。

そこに砂糖が侵入し、そして熱帯野菜、西洋野菜が入り込んできました。

実は、日本では、戦後まで一般の食生活には玉ねぎすら存在しなかったのです。

田舎のおばあちゃんはキャベツを玉菜《たまな》と言います。

さらにさらに、輸入の嗜好食品が魅力的に宣伝されるようになって、スナックなどを食べてごはんを食べないという現実が生まれました。

とうとう今では、ごはんを食べないで肉だけ食べましょうというようなな恐ろしいダイエット法をビジネスマンが必死にやってるという、異常な状態が普通になってきています。

追い打ちをかけるように、加工品、化学物質、薬品が膨れ上がってしまっているのが現代食の現状です。

それまでの日本人は、肥満はほぼ無くて、精神的にも自信と誇りに満ちた存在でした。「なんで日本人は、大人も子どももあんな幸せそうに笑って生きているの？」と言われるような存在だったのです。

それが、今や、ほとんどの日本人が大人から子どもまで自信を失っています。

数多《あまた》のご馳走文化の誘惑にさらされながら、常に制限、我慢、これはいけない、あれはいけない、もう精神的にも生理的にもボロボロです。

自分を信頼できない。祖先の言うことなんか聞きもしない。この世界を不安に満ちた目で生きている。

これ、どこから取り返すの？

毎日毎日繰り返す食の中に、まずは日本人本来の姿を取り戻すことを、食卓から始めようというのが未来食つぶつぶの提案です。

＊詳しくは共著の『ヴィーガン』（ロングセラーズ刊）をお読みください。

未来食つぶつぶワールドへポーンとワープしよう！

食生活の乱れは、ベジタリアンだからとか、オーガニックだからとか、砂糖が入っていないからとか、そういうレベルだけでは解決できない構造的な問題です。

この構造的な問題を憂えるのでも戦うのでもなく、ニコニコと楽しく知恵と技で解決するのが未来食つぶつぶです。

混沌の現代食の中でみんな迷っていて、なんとかしようと思って無法地帯の自然食の世界に行き、そこでまた迷って……

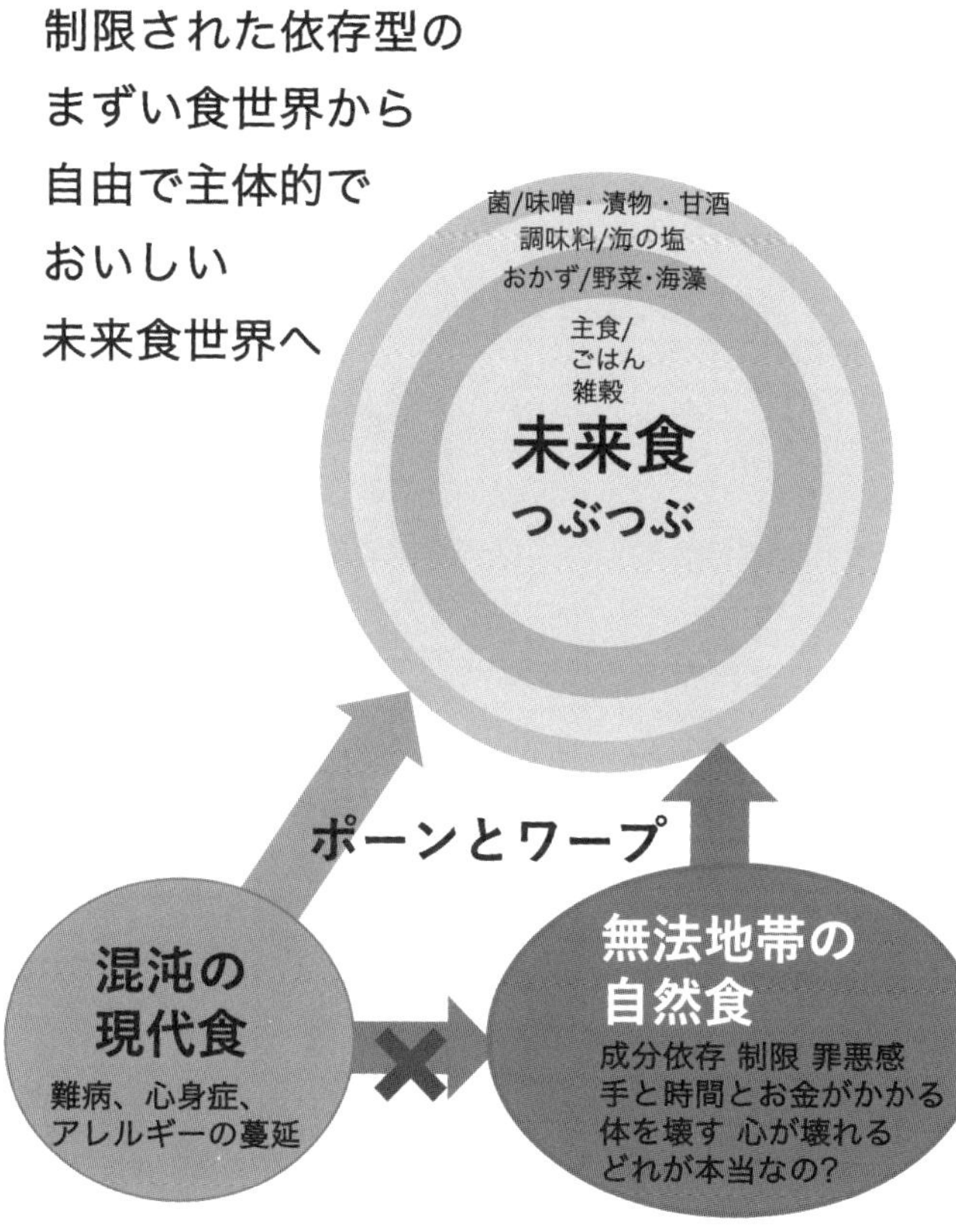
制限された依存型の
まずい食世界から
自由で主体的で
おいしい
未来食世界へ
菌/味噌・漬物・甘酒
調味料/海の塩
おかず/野菜・海藻
主食/
ごはん
雑穀
未来食
つぶつぶ
ポーンとワープ
混沌の
現代食
難病、心身症、
アレルギーの蔓延
無法地帯の
自然食
成分依存 制限 罪悪感
手と時間とお金がかかる
体を壊す 心が壊れる
どれが本当なの?

だから、今のままの食事をしていても不安ですが、逆に自然食を始めることによる精神的ストレスによって不健康になってしまう人もいます。

成分依存、制限、罪悪感、まずいなどの不満があるにもかかわらず、手と時間とお金だけはかかる、さまざまなナチュラルフードメソッド。

どれが本当なのかわからず、結局、体を壊すという出口のないループに閉じ込められてしまっているのです。

この悪循環から抜け出して、ポーンとワープするためのジャンプ台が、未来食つぶつぶです。

「未来食つぶつぶをさっさと学んで、ポーンとワープ。制限された依存型のまずい食世界から、自由で主体的でおいしい食世界へ行こうよ！」と提案しています。

日本発、世界をリードする食生活運営指針
食といのちのバランスシート

食といのちのバランスシート（FLBS／Food & Life Force Holistic Balance Sheet）＊は、超古代日本発祥の波動物理学と最先端生命科学の融合から生まれた食生活運営の指針です。

食といのちのバランスシート
二つの指針で自己診断

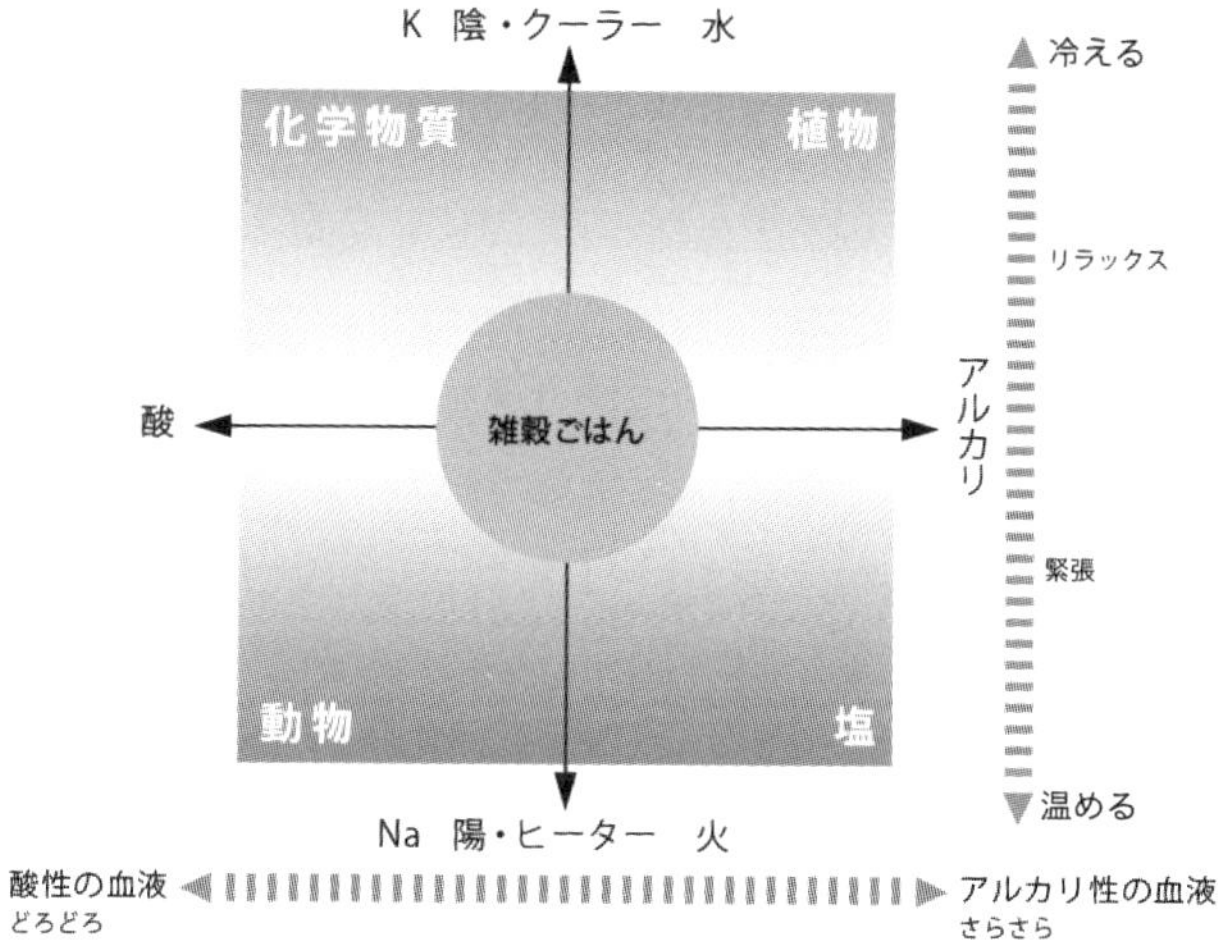

縦軸が波動の性質の陰陽スケール（体にとっての影響としては冷やすか温めるかの指針）で、横軸が酸アルカリ度のスケール、どちらも真中が中性です。

基本的には人間の体は、栄養バランスの優れた中性の食べ物、つまり、穀物で土台を整えることで健康に養われるようになっています。

その上で、体温を保つために陽性な塩を食べ、陰性な水を飲み野菜を食べて、体調を調節することで、体のシステムが健全に働くようにできています。

化学物質と動物性食品はどちらも酸性が強い食べ物なので、健康な血液や細胞を作ることができません。

また、減塩と砂糖の過食で冷え過ぎた体は、本来の働きをすることができません。

どちらも現代病の根本原因となっています。

食生活の土台をＦＬＢＳの指針に適《かな》ったものに切り替え、羽目を外した時のバランスの取り方を学べば、なぜ、日本の庶民の食生活が優れていたのかがわかり、主体的に安心して食生活を運営することができるのです。

＊２０１５年に日本ベジタリアン学会に英語論文が受理されています。日本語版はこちらのＵＲＬから入手できます。
https://www.amazon.co.jp/食といのちのバランスシート―英語論文口語訳―和食の復権とあたらしいヴィーガン食文化の創造―大谷ゆみこ―ebook/dp/B01N5MZYFF

つぶつぶ料理コーチという欲張りな生き方、働き方

未来食つぶつぶのシステムと簡単な料理術を学び、**つぶつぶ料理コーチ**になって**つぶつぶ料理教室**を開き、雑穀を栽培して**雑穀栽培体験講座**を開けば、自然と共に暮らしながら、**健康と経済と心の自由**をまとめて手に入れることができます。

第一歩は、未来食つぶつぶのおいしい手料理で自分自身を、家族を、もてなす暮らしを楽しむこと。

幸せな日々から内側からあふれ出す**美と健康と心の自由**が手に入ります。

その感動と喜びを伝える生き方、仕事が**つぶつぶ料理コーチ**です。

一歩踏み出して**つぶつぶ料理コーチ**になって伝え手として活動すれば、**定年の無いライフワークと経済の自由**を手に入れることができます。

つぶつぶ料理コーチは、未来食のつぶつぶ料理を伝えることで、一人一人が主体性を取り戻して魅力的に輝く人生を手に入れる、サポートをする仕事です。

未来食つぶつぶ食生活を楽しむことを核に、家の中に生命の仕組みにあう魅力的な暮らしの場を創造する楽しいプロジェクトを始めましょう。

家はあなたが主役の舞台です。

その舞台を**つぶつぶ料理教室**として社会に開けば、**家の中に人とお金の流れを引き込む**ことができます。

どこに住んでも**自分スタイル**ですぐに仕事を始めることができます。

家の中に心の通うワクワクの**仕事を創造する**ことで、暮らしを楽しむ時間も子育ても自分磨きも諦めない豊かで主体的な人生が手に入ります。

つぶつぶ料理コーチは、母であることや妻であること、女性であること、社会の一員として生きる責任、一人の人間として、それらを諦めずに、美しくイキイキと輝く女性のトップリーダーです。

私の夢は、生命のオアシス「つぶつぶ料理教室」で日本を埋め尽くすこと

健康が当たり前の人生を、寿命いっぱい輝いて生きる喜びが、全国のつぶつぶ料理教室を中心に波紋のように広がっています。

一人一人の体に備わっている力を応援するおいしい料理を作る楽しさと食べる喜びを真っ先に伝える場がつぶつぶ料理教室です。

運営するつぶつぶ料理コーチは、自分の家をつぶつぶ料理教室として社会に開いて、家事も育児もオシャレもインテリアも仕事も自分磨きも同時に楽しんで、収入を得ています。

未来食つぶつぶの学びと実践で、自分自身が真っ先に、揺るがない心身の健康を手に入れ、家族丸ごとの健康を実現し、その喜びを生み出す料理の技を伝えて、感謝されながら健全な経

毎月22日のつぶつぶ料理教室オープンデー（早稲田・風の舞う広場にて）

済循環を実現しています。

自分の家を最高に居心地の良い場に整えることを楽しみながら、整えた自慢の家に人の流れとお金の流れを引き込み循環させる仕事です。

つぶつぶ料理教室は、**砂漠の中のオアシス**です。

間違った食や健康に関する情報、食べものと言えない食べものにあふれ、社会構造そのものが丸ごと健康を損なうものになっている現代社会はまさに生命の砂漠です。

つぶつぶ料理教室という生命のオアシスが増えれば、砂漠を緑の森に変えることができます。

つぶつぶ料理教室は
食と情報の砂漠のオアシス

現在、北海道から九州まで、120教室がそれぞれの家を拠点に運営されています。

未来食セミナーで学んだ後、**つぶつぶ料理コーチ養成講座**を経てすぐに開業できます。

日本に1万教室のつぶつぶ料理教室ネットワークを育てるべく、緩やかな連携で心と力を合わせて活動しています。


暮らしの中で遊び、学び、働く！ 冒険仲間を募集しています。

つぶつぶ料理教室と雑穀が畑と食卓をつなぎ、命を再生する

農耕天女と名乗って、12年前に畑と食卓をつなぐ遊びを始めたつぶつぶ料理コーチ、岩崎信子さんの雑穀畑は、1反（300坪）から家族の自給分の雑穀を生み出すだけでなく、料理教室用、さらには少量ながら販売用も収穫しています。
その上、雑穀栽培を体験する講座を開くことで、人手の問題も解消されて、楽しい場を提供しながら年に1000万円超えの収入をもたらしています。
今年は**本気の栽培講座**もスタートしたので、さらなる増収が見込まれます。

２つのプロジェクトのリンクから
生まれた新しいムーブメントで
食の主権＝生命の自立を取り戻す、
雑穀蘇りプロジェクト

嬉しいことに、信子さんが先駆者として成功させた**雑穀栽培体験×つぶつぶ料理レッスン**の形を目指すつぶつぶ料理教室も出てきました。

2022年からは、**つぶつぶ料理教室と雑穀栽培農家とのコラボレーション**という形も生まれて、全国6会場で開催されるようになりました。

今の勢いで**未来食つぶつぶ**人口が増えていったら、雑穀が足りなくなってしまいます。

反比例して、生産量は減っているという現実があります。

それを解決する方法の一つが、雑穀自給畑のあるつぶつぶ料理教室を日本中に生み出すことです。

畑と食卓をつなぐ健全な生命循環の拠点として誕生した**つぶつぶ料理教室**の新しい運営の形、それが**雑穀栽培体験講座**です。

みんなが自分の食べる料理を自分で作れば、添加物が必要無くなるように、拠点拠点のつぶつぶ料理教室が雑穀栽培講座を運営するようになれば、農薬も化学肥料もいらなくなります。

農耕天女がたくさん育って、つぶつぶ料理教室ネットワークと雑穀栽培体験講座ネットワークが日本各地に育っていく未来には、**健康が当たり前の心豊かに響き合う世界**が生まれていきます。

その一歩は、未来食セミナーで、食といのちの関係を学び、生命を支える食術の土台を手に入れることから始まります。

2023年は国際雑穀年
～日本の雑穀街道文化をFAO世界遺産に～

東京学芸大学名誉教授・農学博士、植物と人々の博物館研究員

木保美樹男《きまたみきお》さんインタビュー

聞き手

大谷ゆみこ

（左から）岩崎信子、大谷ゆみこ、木俣美樹男

雑穀の在来種を守り、山村の小規模農耕における生物文化の多様性の保全を推進しよう！ と活動を続けている木俣美樹男さんにお話を伺いました。雑穀は日本の食文化の柱と言える食べ物ですが、40年前にはほとんど社会から消えていました。近年、世界的に雑穀が持つ高い栄養価などに注目が集まっていますが、日本国内での生産は今も減少し続けています。

ゆみこ　現在の活動を教えてください。

木俣　荒川水系の秩父市、多摩川水系の丹波《たば》山《やま》村、小菅《こすげ》村から相模川水系の上野原《うえのはら》市、相模原市までの山村をつなぐ道では、山地農耕で雑穀や芋、豆、野菜などの在来品種を栽培し、豊かな縄文文化を受け継ぐ生業や食文化が今も息づいています。山梨県の棡原《ゆずりはら》は長寿村として有名ですね。

　僕は、縄文時代から続く日本各地に息づいていた雑穀文化が今も残っているこれら地域で、在来雑穀の栽培法を学び、栽培者を増やして、絶滅寸前の栽培現況を改善し、互いに励まし合いながら、山村において**生物文化多様性を現地保全する活動**に取り組んできました。そして、山梨県から神奈川県を結ぶ遺存的栽培地のつながりを「雑穀街道」と名づけ、日本の雑穀文化遺産として、ＦＡＯ（国連食糧農業機関）世界農業遺産への申請を行政に提案してきました。

　今年２０２３年はＦＡＯの「国際雑穀年」なので、最後のチャンスと思って活動しています。**「国際雑穀年」の実現は、私とインドで雑穀の研究に取り組まれているシタラム博士との連名で、世界の雑穀研究者に１９９７年に提出した文書から発展して、インド外務省がＦＡＯに提案したことから取り組みが進められたようです。**縄文農耕文化を象徴する雑穀および芋や豆などの栽培植物の在来品種を継承することは、とても貴重な未来への文化遺産だと思います。人口が80億に達して、自然権や食料主権、食糧の自給など、国際雑穀年は生き物の文明を考えて、選択するための最終機会だと思っています。

ゆみこ　木俣さんが雑穀に取り組まれるよ

うになった経緯について教えてください。

木俣　雑穀に関わるようになったのは植物学の阪本寧男《さかもとさだお》先生（京都大学名誉教授）の影響です。1972年、静岡大学の理学部で生物学を学ぶ学生だった時に卒論を国立遺伝学研究所にいた阪本先生に指導してもらったことが発端です。阪本先生がコムギの起原の研究の流れで、エチオピアの研究から帰ってこられて雑穀に注目し始めた頃に、小林央往さんと私が内弟子になったことから、小さな雑穀研究グループが1972年頃にできて、のちに阪本先生に会長になっていただいて1988年に雑穀研究会を始めました。

ゆみこ　私が雑穀に出会ったのは1982年ですが、いったいこれはどこでどうやって作られてるんだろうとか、知りたくてしょうがないけど、どこに行けばわかるのかと途方に暮れていた時に、雑穀研究会が、一般の人も入れますよ、という情報に行き合ったんです。

木俣　それも僕の考えです。僕は学会が嫌いなんです。だから、偉そうに、研究者だとか教授だとかいうんじゃなくて、もうどなたでも自由に話し合おうっていうのをつくりたかったわけですね。

ゆみこ　お陰で短期間に色々学ぶことができました。北海道平取町のアイヌ集落、二風谷《にぶだに》のフィールドワークの時に木俣さんとお話ししたのを覚えています。

木俣さんからインドでも雑穀研究が盛んだということで紹介いただいて、1999年にはつぶつぶでインドツアーを組んで、全インド雑穀改良計画のシタラムさんを訪ねる研修を開催することができたのを思い出しました。

その縁で、世界各地の生物多様性などの会議に出させていただきました。

木俣　栽培植物起原の研究の流れは中東から始まってアフリカ、ヨーロッパ、インドだったので、僕が参加したのは主にインドでの研究です。現在はラオスとかベトナムの方に研究が進んでいっています。

僕は東京学芸大学教授として環境学習の実践理論の構築に取り組んできましたが、ライフワークとしては、民族植物学者として、植物と人間の共進化の研究に携わってきました。阪本先生に師事して以来50年ほどになります。栽培植物の起原と伝播を探るために、全国各地、ユーラシア各地を野外調査旅行し、数百人のお百姓に会い、田畑を観察してきました。農家の方のお話を聞いて、栽培の仕方とか料理の仕方とか聞きながら種子を分けていただくんです。

こうして集めてきた在来品種や祖先野生種の系統・種子は約1万系統にもなりましたが、東日本大震災後に、計画停電で種子貯蔵庫が停止し、また、東京にも降り注いだ放射性物質の被害を回避するために、イギリスのキュー王立植物園のミレニアム・シードバンクに移管しました。

ゆみこ　雑穀だけでなくずっと広く植物に関わってこられたんですね。

木俣　そうなんです。子どもの頃から植物が好きで、祖父の庭で色々栽培していました。高校の時は授業をサボって東山動植物園に頻繁に通っていました。大学の頃は敷地内の裏手で焼畑をやってました。そして、大学3年の時に阪本先生の内弟子になり、遺伝学研究所に入り浸って卒論も指導してもらうことになったんです。

それと、本を読むのが好きで高校時代までに小説を読み飽きちゃうほど読みました。だから、生物学と国語だけは勉強しなくてもできたんです。ほかのものは駄目ですけど。

僕が学生の時は学園紛争真っ只中でみんながめちゃくちゃなことをやっていました。そういうのを見てて、**科学っていうのは本当に人のためになるものかっていう疑問が強くなっていったんです。**それで、科学とは何かという哲学をやってる村上陽一郎教授が東京大学の教養学部においでになったので、授業を聴講することにして駒場の東京教育大学大学院に入りました。

そのころは宇井純さんが東京大学の都市工学で公害原論をやっていました。公害原論には何百人も学生・市民が出てました。そういうのを、本郷館に住んでいたので、近所ですから、それにも出ながら、水俣病の患者さんの手伝いでカンパ集めとか、御茶ノ水やなんかでゼッケン着けて、寄付してくださいってやりましたよ。で、興銀前の座り込みとか、環境庁突入なんて言うと大げさだけど、環境庁の座り込みとか、結構行きました。

ゆみこ　だから、木俣さんは環境教育の仕掛け人でもあるんですね。

木俣　行政策の師が高木文雄先生です。大蔵次官や国鉄総裁など多彩な肩書きを持つ方ですが、僕が農学校みたいなことをやりたい、セミナーをやるというようなことが新聞に2行ぐらい載ったんです。それを見た高木先生から、ぜひ来いと言われて、いろんな会議に出させていただき、いろんな方に会わせていただいて学ばせてもらいました。そして、環境教育という分野の社会的認知を進めていきました。

要するに、雑穀研究やっていると、結局、山村に行くでしょ。山村っていうと林業になるわけですよ。で、財団法人森とむらの会っていうのを、高木さんが会長で、国土庁、林野庁とか総務省の元長官・次官とか、元官僚のトップたちでつくったんですよ。で、東京大学の林政学の上飯坂實先生が副会長で、僕も理事という形で入って、日本の林業とか村とかをどうしたらいいかって、大所高所から議論して提案しましょうということになったんです。そして、30年ほどにわたっていろんな提言をしてきました。国土関係とか文部関係とか、林野、農林関係ですね。どっちかっていうと、農業というよりも林業にこの会の政策が入っていきました。

ゆみこ　見えない形で行政の施策に貢献されて来られたんですね。

木俣　僕は、日本から農業教育が消えていく流れの中で、環境教育という形でなんとか残したいと思って取り組んできました。高木先生の後押しもあって、日本環境教育学会を創立し、全国のいくつかの教育学部に環境教育センターを立ち上げることができ、環境教育という分野が社会に認知されました。

環境問題は深い所では自然や生業から離れてしまった結果の、心の問題だと考えています。今の僕がするべきことは記録を残すことと、自分の理論の体系化です。素のままの美しい花々、物事、作品、言葉、その中に真情を見いだしては称賛し、日々の暮らしの中で共感し、結び、希望を求めて励まし合いたいです。

ぜひ植物と人々の博物館友の会会員になって、ご一緒に植物をめぐる生物文化多様性、在来品種の保全のための調査研究や普及活動にご参加ください。研究成果をまとめた電子出版『第四紀植物』『環境学習原論』『日本雑穀のむら』などをホームページで公開しているので訪問してみてください。

・植物と人々の博物館　公式HP
http://www.ppmusee.org
・木俣美樹男　個人HP
http://www.milletimplic.net

ゆみこ　ありがとうございました。ぜひ、「日本の雑穀街道文化をFAO世界農業遺産に」の実現に向けて力を合わせていきたいです。

＊『ジャパンズビーガンつぶつぶ』2023年新春号（vol.15）より転載。

第3部

つぶつぶ 雑穀みらくる対談Session!

——食と農で人生を変える!
雑穀で目覚める日本人の無限大∞豊かさパワー

岩崎信子×大谷ゆみこ

——雑穀栽培体験×つぶつぶ料理教室のコラボという「カタ」で年収1000万円を達成した岩崎信子氏と、未来食創始者の大谷ゆみこ氏。

料理や生き方の師弟であり、共に未来食や雑穀栽培の普及に尽力する同志でもある二人に、農と食を通じて豊かで喜びいっぱいの人生を創造する方法や、それぞれの活動にこめた想いや今後の展望を伺います。

農業というと、「とにかく大変」「労力のわりに儲からない」というイメージがありましたが、岩崎さんは料理に畑に毎日をとてもイキイキと満喫されています。岩崎さんの成功の秘訣とは何だったのでしょうか？

最初は農家になろうと微塵も思ってなかった！

岩崎　第1部、第2部でお伝えしたことと重なることもありますが、改めてお伝えしていきますね。

一番のポイントは、未来食という食の知恵を知ったこと、そして雑穀を美味しく食べる方法を知ったことです。

そこで、自分でも雑穀を作りたいなと思って、種を蒔きはじめたのがスタートでした。

大谷　最初から農家を目指したわけではないのですよね。

岩崎　いや、まったく。

大谷　農を始めて、最初の５年間は家探しをしていた。

岩崎　はい。美味しい水が湧いているような田舎に家族で暮らしたい。これが目的でした。今のように農耕を生業にしているなんて状態は、ぜんぜん想像していませんでした。

大谷　家族や子どもたちと一緒に自然の中で暮らしたい。今、たくさんの人が同じ想いをもっているのではないかと思います。

岩崎　かつての都営住宅暮らしのときには、長男にぜんそくがありました。

最初は体にいい食材を買うところから始めました。どういうものがいいかな、と探すところからです。体にいい有機食材を買う。自分で作るのではなくて。いつも野菜は買わなければいけないものだと思っていました。

それが、小川町に越してきて、「お、ちょっと自分でも作れる！」となったという驚きがありました。

家族の健康改善を通して、食と出会い、農と出会った

大谷　信子さんは食材探しをしていたからこそ、未来食とも出会えたのですよね。

信子さんが頼んでいた宅配サービスで、あるとき、私が1年くらい連載していたのです。今、その連載は『野菜だけ？』（メタブレーン刊）という本になっています。

当時は、野菜は料理の付け合わせで、何か足さないと美味しくないという考えが主流で、とってももったいないと思っていました。

だから、「野菜だけでこんなに美味しい」「野菜だけでこんなに作れる」ということを伝えたかった。中華料理でも、メニューに「野菜炒め」と書いてあっても、必ず肉が入っています。

そのためには、野菜の宅配を取っている方々に知ってもらうのは、いい方法なのではと思って。そしたら、その会社の売り上げが何倍にも増えたそうです。連載に載った野菜がいつもの10倍も売れたり。

岩崎　注文書にコラムとして載っていた連載を、今も全部ファイルにまとめて大事に保存しています。それを見ながら料理するようになったのが、野菜の美味しさを知るきっかけでした。

それで、自分でも育ててみたくなって、練馬区の家庭菜園に応募してみました。

初めは自治体の体験農園からスモールスタート

岩崎　当時も田舎暮らしはしたかったけど、家族や仕事の都合もあって、すぐには実行できない。だから、まずは家庭菜園から始めようと思ったのです。

練馬区には区民用の菜園があったので、想いを込めて抽選用の往復はがきを出したら、見事当選しました。それが種まきの始まりです。

大谷　最初は雑穀ではなく野菜だったのですよね。

岩崎　そうです。最初は野菜からでした。何を育てるかは最初から決まっていて、農家の指導員さんが種をくれて。作付けも、メンバー全員分１５０の区画があるのですが、みんな同じように作っていく方式でした。

今思えば、この経験が栽培体験の運営にとても役立っています。農業を「教える」姿を見ていたので、今の教室でも存分に活かせる。

月に一度、皆でいっせいに教わる日があって、あとは草取りも収穫も好きなときに行く。来月は秋野菜を植えてみましょう、と種が配られて、また蒔くところから始めるというスタイルでした。

大谷　練馬区は農の普及を素晴らしく頑張っていたのですね。

移住を考えたとき、まさに必要なコミュニティと遭遇

大谷　そのあと、すぐに小川町に引っ越したのですか？

岩崎　いえ、移住までは2年かかりました。

練馬区の家庭菜園を続けて、その間に引越し先を探していました。菜園の開始から2年たったところで、小川町の「無農薬で米作りから酒造りを楽しむ会」（米酒の会）に出会いました。移住先を探しているときに立ち寄った、有機野菜食堂わらしべというお店に会のチラシが置いてあったのです。

大谷　移住先を探すプロセスの中で、また新たな農業体験に出会った。

岩崎　はい。この会は、季節を通して7回通うプログラムでした。

大谷　小川町は有機農業の里として、とても有名な自治体です。

日本で最初に国際的に有名になって、世界から視察団や研修生もやってきます。その研修生たちが今、あちこちで活躍している。とても先進的な地域なのです。

それを知っていて移住先に選んだのですか？

岩崎　有機野菜で有名なのは知っていました。また、有機農業の第一人者である金子美登さんがいらした町なので、オーガニックな農業や自然エネルギーの講座開催も盛んで、移住先の候補リストには入っていました。

ただ、それまでは移住先を探して小川町を訪ねても、街の中ばかりだったので、特に魅力は感じていなかったのですね。

しかし、この会に参加したことで、小川町の魅力にどんどん目覚めるようになり、本格的な農耕の方法も身につけていくようになりました。

大谷　面白いですね。意図していたわけではないけれど、知らない間に今やっていることを全部学べてきたのですね。

岩崎　そうなんです！　栽培法の勉強も、栽培を教えることも、興味をもったものに参加するうちに、すべて流れで入ってきたのです。

興味を追求していくと、知らない間に導かれる

大谷　そうして米酒の会に通ううちに、人生が変わっていったんですね。

岩崎　そうですね。自分でも、ふだんの暮らしをどんどん変えていきました。

大谷　その実体験から、今の本気の雑穀栽培講座などが生まれて、そこからまた、信子さん2号、3号みたいな人が生まれていくと思うと、感動しますね。

体調不良から、ちゃんとした野菜の大事さを知り、食べ方を知っていって、畑に接触しはじめ、さらに、田舎に本格的に住もうかなぁと思ったときに、必要なコミュニティに出会う。知らないうちに導かれていますね。聞いていて、ちゃんと行くべき筋道に従っているので、びっくりしました。

岩崎　練馬区の体験農園に通いはじめた頃は、上の子が9歳。下の子は赤ちゃんだったから、まだ1歳だったと思います。

移住したときは、上の子が11歳。下の子は3歳。お兄ちゃんが下の子をおんぶしながら、農業体験の場で、先生の真似をして種を蒔いていました。懐かしいですね。

大谷　農業の英才教育ですね。

岩崎　小川町の農業体験の会には、練馬区から月に一度通って、お米を作って、和紙を漉いて、最後はその紙を出来上がったお酒のラベルに貼って完成！　楽しかったです。

大谷　小川町は和紙の里でもあるのですよね。

小川町も行政が頑張っています。練馬区にお世話になり、小川町にお世話になり。ふだんあまり行政のありがたさって感じないですけど、感謝ですよね。

豊かな四季の小川町、土地に呼ばれて実現した移住

岩崎　米酒の会のスタートは5月の種まき。そして、6月の田んぼの田植え。草取り。10月の収穫。11月に新米のおにぎりを食べる。12月に和紙を漉いて、2月にラベルを作って、3月はそのお酒と一緒に有機野菜をみんなで食べる。

大谷　いい企画ですよね。

岩崎　そのまんまを雑穀でおこなっているのが、現在、私が運営している「雑穀の種まきから調整を楽しむ会」なんです。

大谷　自分でやる前に「カタ」を学べたわけですね。

岩崎　米酒の会は、金子美登さんの霜里農場と晴雲酒造が発案したものでした。

金子さんが田植えをする姿は、私にとって忘れられないものです。

いろいろなところから集った100人以上の人が、ワーッていっせいに無農薬の田んぼに入れさせてもらって、田植えをする。私が移住したときには、もうすでに小川町には、農を体験できる、こうした場があったんです。

でも、みんな素人だから、植えたはいいけど、苗が倒れてしまったりする。

そうすると、参加者の人たちが帰ったあと、金子さんが、倒れている苗を一つひとつ手で直している。

その姿を見て、本当に素晴らしいと思ったのが、小川町に移住したきっかけです。

ちょうどそのときに土地が見つかりました。

3月にお酒ができて懇親会をするときには新居のログハウスも完成し、11歳と3歳の息子たちを連れて家族まるごと移住しました。だから、農業体験を始めて、次の春には移住、というわけです。

大谷 小川町に移ったときには、もう家ができていたのですね。

岩崎 移住前に、1年間かけて造りました。米酒の会に通いはじめてちょっとしてから土地が見つかったんですね。それで夏くらいに契約して。すごいスピードで決まっていきました。

大谷 やっぱり、想いがあると実現するんですね。土地が呼んでくれた。

岩崎 はい、それも普通には出ない土地でした。市街化調整区域といって、あまり売り買いができない場所で、そこに住んでいる農家さんが分家すれば家を建てられるような土地です。

その市街化調整区域の中に、一軒だけあった縫製工場が倒産して、競売に出たのです。うちの主人が撮影のための工場を探していたので、「ここにしよう！」ということで即決しました。今使っている工場は、そこを建て直して使っています。

大谷　ピッタリの場所が、それも安く手に入ったのですね。

場が整ったら、めぐりはじめた人とお金

大谷　信子さんが移住した当時、多くの有機農家さんが安定した収入の確保に苦心していました。

せっかく自然豊かな地に越してきたのに、野菜を売っているだけだと、旬になると、みんなトマトばかり売って、どうしても安値になってしまう。野菜は日持ちもしませんから、そのとき勝負。けっこう手間もかかるのに収益が少ない、という悩みがありました。

そのため、有機農業界隈には、お金に対してあまりポジティブでない雰囲気があったのです。

そこで、信子さんには、「まずは料理教室をやってみたら？」ということを提案しました。

岩崎　はい、私が事業としてまず始めたのは、つぶつぶ料理教室でした。

また、ログハウスを建てたその土地は、街中からそう遠くないのに、周りじゅう、森。広い芝生もあり、大きな倉庫もある。2014年からは、そこで大きな講演会をさせていただくようにもなりました。

そのきっかけは、初めてゆみこさんがログハウスを訪ねてくれたときに言ってくれた「ここ

でパーティやったらいいじゃない」という一言でした。

借りてきた折り畳み椅子で、80席くらい作って、ゆみこさんをお呼びして「雑穀で世界に光を@小川町」を開催しました。

講演会のあと、家の横の雑穀畑を眺めながら広い芝生の上で、本当に心地よい春の空の下、パーティもさせていただいて。つぶつぶマザーとして活動するスタートの年だったんですけど、あの講演会のおかげで、ご近所の方々や、遠方の方々にも、つぶつぶを知っていただけました。

大谷　あのイベントは素敵でしたね。

近くの農家さんが有機野菜を持ってきてくれたり、色々な方がいらっしゃって。空も本当にすごかった。どうしちゃったのかと思うほどの、まるで宇宙が祝福しているようなキラキラの天気だったんです。何ともいえないエネルギーの高い時間を過ごせました。

あのとき、すでに雑穀を育てていましたか?

岩崎　栽培はしていました。田んぼも始めていましたね。

大谷　田んぼや畑をやるあいだに、未来食セミナーにもしっかり通ってくださったのですね。そこから先の意識の学びにも。それらを並行してやっているうちに、夢が叶っていった。

岩崎　そうです。そして、今思えば、その基盤に「農」がありました。

雑穀を次代に残したい！　ライフシードキャンペーン

大谷　自然の中での生活を目指して、田んぼや畑をやりつつ、料理も並行して進めて、人々が集う場を作って……信子さんはこうして未来食や雑穀と出会っていったのですね。

岩崎　ええ、ここでゆみこさんと私の道が交差したのですよね。ゆみこさんはそれまで、長年、雑穀普及活動を続けてこられたのですよね。

大谷　はい、未来食つぶつぶでは、１９９７年から「ライフシードキャンペーン」をおこなってきました。

雑穀は日本人のソウルフードのような作物。文字どおりの「主食」です。このキャンペーンは、縄文以前から何千年も私たちを養ってきた作物が、こんなに忘れ去られちゃうなんてヒドいんじゃない⁉ という気持ちから始まりました。

たった一粒で一粒万倍どころか百万倍のようなこの種を残したい、と思ったのです。果たして、今さらそれが可能なのか？ と思った時期もありました。でも、まずは雑穀を食べよう、種を蒔こう、雑穀の歴史に触れよう！ ということで、種を配ろうと思ったのです。

それで、紙にワープロでプレスリリースを書こうと思って、こんな食物があったことを知らないなんて、日本人、もったいないです！　という想いを書き綴りました。雑穀を食べて、プランターででもいいから栽培して、雑穀が育つ場所が増えたら、浄化というか、まわり一帯、エネルギーに満ちてくるから、みんなやろうよ！　そう呼びかけました。

そしたら、なんと読売新聞が半ページもの大きさで紙面に載せてくれたのです。

子どもたちと一緒に袋に詰めて、５００円で種を配ったのもいい思い出です。

そうして、一所懸命に雑穀を広めたら、逆に今度は「アレルギーにいい」「栄養にいい」という情報も広まって、雑穀が足りなくなるという事態にもなりました。

絶滅危惧種だった雑穀たち

大谷　40年前、雑穀は、本当に絶滅危惧種だったのです。

それを何とか残すためには、まずはみんなが知ること、食べること。

もう一つは、栽培する人を増やすこと。だから、栽培してくれたら、全量買い取る取り組みも始めました。

それも、仲買人に買い叩かれるような価格ではなく。当時、田舎のおばあちゃんが作る雑穀というのはそんな感じだったんですよ。仲買の人が回ってきて、本当に安く買っていった。

でも、それでは、雑穀栽培を継ぐ人が誰もいなくなってしまう。

「この値段でしか売れないって、どうなんだろう？」「どうしたらみんなが雑穀栽培をやる気になってくれるんだろう？」

真剣に考えて、きちんと農事暦をつけて、無農薬で作ったものだったら、この値段で全量買い取るから作ってください！　と呼びかけたら、けっこうたくさんの農家の方から「種がほしい」と連絡がありました。

この試みは内心ドキドキでした。「みんなから買ってくれって言われたら、どうしよう！」と（笑）。すごいこと言っちゃったなと思ったけれど、結果的には、みんなちょうどいいくらいの量しか作らなかったので、ちょっと残念なような、ほっとするような思いでした。

ちょうどその頃、いろいろなメディアが雑穀のことを取り上げて、取材にも来るようになりました。

国際的にも、生物多様化、作物多様化（crop diversification）が訴えられるようになり、海外の会議に招かれてプレゼンテーションをしたことも。雑穀というものが世界的に注目され、穀物として大切にしようという流れが生まれたのです。

タイの奥地、南米、エジプト、いろいろな地に赴き、日本の雑穀の豊かさやこんな料理ができるんだ、ということを伝えてきました。世界各地の雑穀農家さんとの交流もできました。

岩崎　私の雑穀栽培も、そのライフシードキャンペーンの種をワンコイン500円で購入したのが始まりだったんです。

小さじ1杯ぶんくらいの量なのですが。それが本当にびっくりするくらい増えるんです！

そのきっかけとなったのが、未来食セミナーScene 1。

「シコクビエが足りないから誰か蒔いてくれないかなぁ？」と、ゆみこさんがそのセミナーでみんなに聞いたんですよね。

大谷　シコクビエって、けっこうレアな雑穀なんです。でも、とにかくいっぱい取れる。山の中でずっと作り続けてきたおじいさんに聞いたら「道ばたでも育つ」と言ってたくらい。それくらいタフなんです。

それと、ソバと違って薄皮はあるけど殻がない。炊いて食べるのではないけど、その薄皮をはがして粉にして使えば、すぐに食べられる。肥料がなくても寒冷地でも育つので、山の上では、近年まで育てていたくらい、救荒作物なんです。

世界的にも南インドやネパールなどでは国民的主食。それがなくてはとても生きていけない、それを食べないと元気が出ないという穀物です。

みんな知らないでしょ？　そんなものがあるなんて。

でもね、それがすっごい便利なんです！

すぐに火が通って、旨みがあって、美味しい料理がいっぱい作れます。だから育ててみたい人を探していたんです。

岩崎　しかも、このことがあったのが、２月か３月。ちょうど種まきの前でした。だから迷わず「はい！」って手をあげたんです。

ロールモデルを訪れて、個性ある未来を描こう

大谷　そのころは、体の具合が少し悪かったんですよね。

岩崎　ええ、まだ練馬にいたころ、人との摩擦でまいってしまって……。でも、練馬区の菜園に行くようになって元気になりました。

大谷　すごいですね！　家庭菜園をするだけでも、大地からパワーをもらえる。

岩崎　土に触れるのがこんなにいいとは、想像もできませんでした。「自分もこういう場を作りたいな」という気持ちもそのとき芽生えたのです。それで、私が企画して、子どもの学校のＰＴＡ主催で、農家さんに講演してもらったりもしました。いいと思ったらすぐに実行しちゃうんです。

ゆみこさんの暮らしも見にいきました。

大谷　山形県小国町の私たちの拠点、いのちのアトリエのオープンハウスですね。自然の中で遊び、学び、働くがテーマ。本当に自然の中で不安とか心配とか手放してやってみたら、どれくらい困るのかやってみよう！　と、そういう大実験をしてできた場です。

私たち一家は、自分たちでどうやって暮らすか、いのちのアトリエで何年間も試行錯誤してきました。その暮らしを公開しよう！　ということで、オープンハウスというイベントを年4回開いていたのです。そこに家族ぐるみで来てくれる人たちがたくさんいました。

岩崎　私も行ってみて「こんなふうに生きていけるんだ！」と目を丸くする思いでした。

現在、つぶつぶ料理教室オーガナイザーをされている郷田優気さん（大谷氏の娘）がまだ15歳。弟くんも10歳。それなのに、こんなに場を仕切れる子どもがいるんだ！　ってびっくりでした。

大谷　うちは仕切り屋ばかりなんです（笑）。

岩崎　それまで遊んでいた子どもたちが、「お茶碗ふくよー」って声をかけると、ババッと飛んできて、それはそれは楽しそうに作業をする。そうして家事のやり方を伝えていく。うちの子どもも、いまだにアトリエを訪ねたときのことを覚えているくらい印象に残ったようです。

あの風景を家に帰ってから思い出して、キッチンはあっち、というふうに自分なりの間取りを描いてみて、こういう暮らしがしたい！　って心底思って今があります。

これが２００３年だから、もう20年前になりますね。

未来食を始めると、ビョーキが消えていく

岩崎　小川町に越して、自然の中で雑穀を食べ続けたら、体調も整ってきました。私は草刈り、主人は薪割りと、暮らしに費やす時間が増えて、どんどん元気になっていきました。

そこで米作りがスタートしました。

子どものぜんそくも、田舎暮らしを始めたら、すっかり治りました。夫の花粉症も今ではまったくありません。

大谷　未来食をして、自然の暮らしを楽しんでいると、驚くことにそうしたものがぜんぶ消えてしまうのです。

岩崎　練馬区にいたときなんか、花粉症で鼻水が止まらないので、夫はティッシュ一箱いつも抱えていました。今は、自宅の工場の前が杉林なのですが、そこから花粉が黄色く飛んできても、まったく大丈夫。

大谷　花粉症は食が大きいですね。うちのスタッフでティッシュが手放せなかった人たちも、今は全員、春でも快調です。

転写され、広がっていくポジティブエネルギー

大谷　山形のいのちのアトリエにもよく来てくれましたね。

あそこで暮らしの原風景を見て、自分たちの生き方を変えたというご家族がたくさんいます。

青森のご一家は、いのちのアトリエを見た瞬間、旦那さんが「こんな家を造りたい！」というイメージがパーンと入ってしまって、1年くらいかけて、私たちのよりさらに素晴らしい木の家を建てられています。

暮らし方が、いい意味で成長して転写されていくようです。

信子さんも、練馬区ではお百姓さんの作物の作り方が転写され、さらに小川町ではお米の作り方を転写された。

この「いいエネルギーが移っていく」って、とても幸せだなって思いますよね。

岩崎　大人が子どもを育てながら、好きなことをやって、自由に暮らしを楽しむ。その後ろ姿を見ながら子どもが遊び、暮らし方も学べる。家庭の中でもいいエネルギーの転写が起こっています。

大谷　それで勝手に育っていくんですよね。特に子育てとか考えなくてもスクスク成長してい

くので面白いです。

変えるのは、食ではなく意識

大谷　その後、二度目の体調不良があったのですよね。

岩崎　はい、3・11のときでした。

大震災とその後の原発事故をきっかけに、子どもたちの未来を守るために小川町で活動を始めました。原発反対の社会活動ですね。

3・11が起きたころ、福島をなんとかするには、小川町から立ち上がらなくちゃいけないと思ったのです。それが、全国のお母さんたちが立ち上がった瞬間だと思います。

そこで、いろいろな情報を集めていたのですが……

何を食べればいいのか調べても、玄米と味噌がいいらしい、ぐらいしかわからない。きのこは危ないとか、これはダメ、あれはダメという情報ばかり。

そうやって頭の中が怖い情報でいっぱいになったときに、甲状腺機能亢進症になってしまいました。

大谷　解決法なく恐怖情報を出すというのは、本当に猛毒なんです。とても体調を壊してしまう。当時、信子さんと同じように体を不調にしまった人がたくさんいました。

岩崎　こんなに放射能を恐れている私が、甲状腺の病になってしまった。そんなとき、ゆみこさんの講座に参加してみたんです。

当日、ゆみこさんから開口一番、「あなた、あれダメ、これダメってやってない？」って言われて（笑）。「そのとおりです！」って思いました。そんな転換点となる一言が、人生のいろいろなところであるんです。

あのときは足がむくんでゾウみたい。会場の階段も登れないくらいでした。

大谷　本当なら寝込んで歩けないほどの体調だったのですが、はうように来てくれて。「心臓も動悸がして不安です」って。

岩崎　それで、「未来食セミナー受けてみない？」って声をかけられたとき、医者代を払うか、セミナー代を払うか考えて、賭けに出ました。

甲状腺機能亢進症って、一生薬を飲まなきゃいけないと言われているんです。確かに薬を飲むと動悸が治まる。でも、たった数時間だけ。そして、また動悸が始まるんです。

「あぁ、薬って効くんだなぁ」と思いました。でも、これを一生続けるの？　と思ったとき、「私はこれ！」と決めて、ゆみこさんの未来食セミナーに参加したのです。

そうしたら、そこでまず教わったのは、「食べもののように、頭にある情報も出さなきゃいけない」ということでした。

「あぁ、私は本当に情報に溺れていたんだなぁ」と思いましたし、あとは「食べものを変えるだけでなくて、意識を転換しないといけないんだよ」とも教わりました。

「あぁー、そうなんだ！」と驚きましたが、これがホンモノだって思ったんですね。


大谷　みんな食を学ぶという意識で来るのだけど、食べものを変えても健康にはなれないのです。

なぜ病むのか、という話も伝えました。

でも、信子さんはなんと、その日のうちに元気になったんですよね。セミナーに出ているうちに。

岩崎　そのころは、体調が悪くて、会場でひざを抱えてうずくまっている人とか結構いましたよね。たぶん私は、その日のうちに、少なくとも気持ちの上では、階段をスタスタ降りていく状態までいけたんじゃないかと思います。

大谷　まったく違う人になるんですよね。本当に意識と心というのは大切なんです。

今でも結構、そうやってセミナーのその日に体調がガラッとよくなる方がいますよ。

ここに私が未来食を伝えている理由があります。

食の問題によって自分の体調が悪くなっているのだと思い込んでしまい、食べもの、あるいは、自分の食べ方に正しさだけを求めて、逆に、何も考えない人より悪化してしまうというケースをたくさん見てきました。

未来食にこめた想い

大谷　食養法それ自体よりも、そうしたメソッドの用い方や、生き方のほうが格段に大事なのです。それを知らないまま、有機野菜や無農薬を求めても、結局、不安ばかり広がる。体が何を求めているか、食べるってどういうことなのか、みんな知らなすぎる！　その根っこを理解すれば、自分がどうしたらいいかわかるはずだから、それを伝えたい。

これが未来食の原点です。

「何を食べろ」ではなくて、食べものにはこういう仕組みや性質があって、こういうものを食べればこういうことが起きる、単体でどうとか成分ではなく、組み合わせがあって、もっと大らかに調整できるものなんだよ、ということを伝えるセミナーをずっとやってきました。

よく言うのですが、未来食セミナーは、掃除機みたいなもの。みなさんを苦しめている余計な知識や情報をまるっと吸い取る。だから、一切覚えなくていい、と。料理さえして、食べていれば大丈夫という講座なんです。

だから、講座レベルの呼び方も、ステップではなく、「Scene《シーン》」。その場にいてもらって、自分の本質って何なのか、食べ物って何なのか、あぁ、そういうことなのか！ ということを知る。すると、自然に食べ方が変わっちゃう。制限ではなくて、ウキウキになっちゃう。

自分が前向きに楽しむこと。そして、正しいものを食べること。

この二つを同時に叶えないと人間おかしくなる、というパターンをたくさん見てきました。動物性食品や砂糖や添加物いっぱいの現代食をそのままやるわけにはいかないけど、自然食も闇の中だなぁ……この問題の解を見つけるのが私の命題で、40年間追い求めてきました。

その結果、「あぁ、こうやればいいんだ！」というのが自分はわかったけど、人に伝えるには？ ということで始まったのが未来食セミナーなんです。

3・11の頃にはたくさんの女性たちがショックを受けて、シンガポールまで逃げていった人も。でも、海外まで行っても恐怖が収まらなくて、もうどうしようもないから未来食セミナーを受けにきた人もいました。それこそ、放射能を防ぐため、マスクとかカバーとか、もういっぱい身につけてやってきて。

そんな人も、セミナーが終わる頃には、みんな外して元気に帰っていきました。そして今は、うちのスタッフをやってます(笑)。

でも、それくらいみんな恐怖に陥っていた。大震災をきっかけに食を変えようと思った人は多いですよね。

ちゃんとした情報にあたらない人は、どんどん恐怖の淵に入っていってしまう。

闇雲に怖がる必要はない。だからといって、めちゃくちゃでもダメ。当たり前のことを当たり前に思い出そう、というのが、私がずっと伝えてきたメッセージです。

「食・息・動・想・環」を整えれば、人は勝手に元気になる

岩崎 未来食セミナーと出会って「これだ！」と思い、Scene 1、2とどんどん進んでいきました。1個受けると、この先自分はどうなれるかな？ とそれが知りたくて、一歩一歩進み、最後の3まで修めました。
大谷 もっと知りたい！ って面白くなっていくんですよね。
岩崎 自分の変化が楽しみだから、畑と並行で学んでいきました。
大谷 学びで自分も耕され、シコクビエを蒔いて畑も耕され。
岩崎 そのシコクビエにまつわるエピソードなのですが、「種を蒔いてみたら」って言われてすぐに、40年間無農薬の素晴らしい畑を借りることができたんです。そこは今も借りています。
大谷 偶然じゃないですよね。「この仕事やりなさい」って、天から必要なものがポンポンも

たらされる。布石が打たれてきたのではないかな、という気がします。

岩崎　この無農薬の畑を得られたことで、場も急速に整っていきました。

大谷　あれから全然調子が悪くないですものね。足のむくみどころか、誰よりも元気に畑に入っている。

岩崎　何時間でもやっていられる！

大谷　前は正座もダメだったのが、今は何時間でも草刈りできる！

岩崎　59歳の今が一番元気（笑）。

大谷　私もさすがに二十歳の感覚とは違うけど、今が一番元気です。

信子さんはちょっと腰痛になったこともあったけれど、あれは姿勢が悪かったのですよね。

食のことを始めたときに、こう教えてくれた人がいました。

人間というのは、食・息・動・想・環。

食べること、息をすること、動くこと、考えること、環境。これらをちゃんとすれば、勝手に体が整っていく。だから、食を整えよう、呼吸法を学ぼう、体の使い方をちゃんとしよう、思い方、要するに思考パターンをクリアにしよう、そして、一所懸命みんなで環境を整えよう。そうすると世界が変わっていく、と。

だから並行して体のことも学んでいた。おかげさまで40年間、病気が原因で医療や薬にお世話になったことは一度もなく、寝込んだこともありません。

自分の体のことに自分で責任を持ちたいから、研究を続けていた。その中で、食と一緒で、なるべく簡単で誰でもできる技術を集めて、そういうのもみんなに教えています。

信子さんは歩き方、特に地面への足のつき方がよくなかったので調整したら、すぐに治って、今は腰痛もゼロ。

本当は人間ってこんなに健康なのに、それをこんなに病気にする構造から、やっぱり早く抜けてほしいなって思います。

人間の本当の暮らしを知るために、無人の地に飛び込んだ！

大谷　あと、やっぱり大地に触れる効果ってすごい。

私は栃木県で生まれて、母方は農家だったので、もともと農家的気質は持っているほうです。かまどで料理する様子を見たり、自然の中で走り回ったりもしてきましたが、それでも大きくなって都会で暮らすようになったら、どんどん近代的な情報のよろしくない影響を受けるようになりました。

それで、とりあえず自然しかないところにいって、人間てどうやったら暮らせるんだろう？

ということを知りたいと思って、ご近所のいない山形の山奥に引っ越しました。それが、先ほどお話しした、いのちのアトリエです。

そこで木と触れたり、土と触れたり、風と触れたりしているうちに、どんどん元気になっていきました。

東北って本当にすごくて、春になると地面が八百屋みたいなんです。大地からどんどん山菜が芽生えてくる。食べるものがありすぎるくらい採れるんです。

こんな豊かな循環の中にいたのに、今まで何やってたんだろ、私って、つくづく思いました。

そうして、今あるものだけで料理をするという生活をひたすら続けました。

『日本の食生活全集』（農山漁村文化協会）を読みながら、あぁ、私たちの先祖って、こんな豊かな食生活の中で、こんなにシンプルに暮らしてたんだ、と感動する日々。

47都道府県の伝統の暮らしとは何かや、200年前くらいに日本人が何を食べてたのかを片っ端から読みつつ、そのエッセンスを学んでいました。日本の生活のシステムというのを本気で知りたかったので、春夏秋冬、全国各地で何を食べてるかを追究してきたのです。

さらに、世界中の料理をひもといていくと、食べるってこういうことなのか、日本の食文化ってこうなんだというのがだんだんと見えてきました。

それまでは、味噌はただの味噌。今日は醤油、明日はケチャップというように、ただの味付けだと思っていたのが、「あ、食べるってもっとすごいことなんだ」「この地球ってただの土じゃない！　生命エネルギーを生むところが地面なんだ」ということに目覚めていったのです。食べ物は、何もしないのに土からぴょこぴょこ出てきてくれて、こんなに美味しくて、私たちを元気にしてくれる。

こんな幸せな循環の中でずっと暮らしてきたのに、いつから余計なものが入ってしまったのだろう？　食と大地について思いをめぐらせ続けました。

そして未来食が誕生した

大谷　日本人が連綿と続けてきた食文化は本当に素晴らしいものです。でも、だからといって、昔をありがたがるだけでいるわけにはいきません。

今に生きて、この仕組みを活かすためにはどうしたらいいか？

これが私の次の命題でした。

昔の日本は大家族でしたが、現代の少人数の核家族で暮らす家庭のために、もっとわかりやすい食のあり方が必要だと思いました。

毎日お母さんが作って、家族や子どもに食べさせる食事が人間を壊していくという現実の連鎖って、結構シリアスな事態なんです。そこから逃げるために、さっきの食・息・動・想・環を自分の手で変えてやるぞ！　って奮起しました。

毎日食べるものの影響はすごいので、ひたすら研究。それだけでなく、生命のことも知りたいので、量子物理学から生物学、波動医学、ありとあらゆる宗教書まで渉猟して、「食べるってどういうこと？」を追究してきました。

意識を研ぎ澄ませると、塩、醤油、野菜、お米一粒……一つひとつのすごさというのが理屈ではなくわかってきます。その生命循環の中にいる私たちを取り戻さなければ、という想いがありました。

でも、人間はどこまでいっても、コミュニケーションの相互作用で元気になる生き物です。私だけが元気になってもダメ、知った者の責任として知らせるべきだ。

そう思って丸々1年間かけて書いたのが1996年に発刊した『未来食』という本でした。

未来食なら、疲れても「くたくたハッピー」

大谷　とは言っても、学者でも医者でもないただの女性が書いても誰も読まないし、現代の栄養学で洗脳されている人が読んでも感覚がわからないのでは？　と思って、セミナーを始めました。

そのときは、本当に生き残ってもらいたいという思いから、「サバイバルセミナー」という名前でした。生存を賭けてこの食を学んでほしい。それが、今、未来食セミナーに進化して、たくさんの人の生存を促していて嬉しいことです。

岩崎　未来食をしていると、気力がとにかく落ちないんです。モチベーションも。昨日もくたくたになるまで働いたけど、疲れない。

大谷　私はそれを「くたくたハッピー」と呼んでます（笑）。肉体は3次元にいるから疲れるけど、気持ちいいんですよね。

岩崎　あとは、寝れば、食べれば、回復するのがわかっているから、思いっきり動けるんです。

料理と共に、生き方、暮らし方を学ぶ

大谷　私はずっと、自分は「こんなふうに生きられるよ」と伝えるロールモデル役かなと思って活動してきました。肉をやめても、お金のことを心配しなくても、ほら、困らないでしょ？理屈を超えて、そのことを示してきました。

今、「つぶつぶマザー」という名前で、私のセミナーをおこなえる講師が20人くらい育ちま

した。みんながロールモデルを見て、その役をやり、またそれぞれが個性のあるロールモデルになり、転写されていく。

そこで転写されていくのって、知識じゃないんですよね。

「あぁ、そうだよね！」という非言語の気づき。だから、どんな人が学んでも、「あぁ！」と気づきを得られる。そこからたくさんの芽吹きが出るんです。

この仕組みが花開いて、今、料理教室が全国１２０カ所で開かれています。

これらの料理教室がまた、ロールモデルとなっていきます。「毎日、生活を楽しんでいるそのままをちょっと見せます」という教室なので、気負いもない。でも、ただ単に料理を習うのではなく、この料理を作ってこんなに楽しく暮らせるんだ！　こんなに美しくなれるんだ！って思える、そんな場です。

つまり、暮らしを丸ごとロールモデルから学ぶということ。理想の人生を先に生きている人が、その重要な土台である「食」を伝えているというところに大きな意義があります。

食べるって、本当は種を蒔くことから始まります。でも、最初から種を蒔こう、雑穀を育てようと言ってもついていけません。

だから、まずはせめて料理をして、ちゃんとした作物を育てている人を応援することから始めよう、というのが、つぶつぶ料理教室で伝えていることです。

「農は儲からない」という常識を変えたつぶつぶ農業経営

大谷　こうして、つぶつぶ料理を広めているうちに、信子さんが雑穀の栽培に実際に挑戦してくれたわけです。そのことで、私も、他の講師や料理コーチも、新しい取り組みを一緒になって学ぶことができています。

作物というモノ自体を売るのではなく、生き様を見せる、そのことでどんどん豊かになっていく。

生徒さんだけではなくて、小川町の人たちもどんどん豊かになっていったんですよね。

岩崎　実は、最初は「そんな高い料理教室なんて！」「栽培体験でお金を取るなんて！」って猛反発を受けました。ゆみこさんが先ほどおっしゃったとおり、その頃の有機農家には「お金は稼いではいけない」という無言の空気があったのです。

でも、今では「信子さんの形は最先端だ！」と、たくさんの方が言ってくださいます。

畑がモノを生むだけではなく、体験という無形の価値も生む。このやり方を受け入れてもらえたのを感じます。

大谷　雑穀栽培体験を始めたのはいつですか？

岩崎　13年前（２０１０年）です。

大谷　その前は、未来食の料理教室をやっても「高い」って言われていたんですよね。「あそこの教室は、世界が違うよね〜」と距離を置かれる感じだった。

岩崎　小川町だと、「援農」といって、農作業のお手伝いに来てもらったら、お昼を出して、最後、農家さんがそこで採れたお野菜を持たせてくれる形がふつうでした。今でも、小川町に限らず、どこでもあると思います。

大谷　それが一般的な援農のパターンですね。たいへんなお百姓さんを助けてあげて、お土産をもらって帰る。無料で、さらにお土産付き。

でも、援農だと、やっぱり楽しい作業に人気が集中するから、田植えのときはたくさんの人が来るけど、草取りのときは来ない。作業に慣れてもいないから、お世話に手がかかって、結果的に農家の持ち出しになってしまうこともしばしばです。

この話を信子さんから聞いたときに、こう伝えました。

「それでは農が先細りになってしまう。

これからの時代は体験自体が価値。

田んぼや畑を維持するのにも、リスクや責任が伴う。それを肩代わりしてもらって、農業に触れる機会が得られるというのは、畑を持たない人たちにとっては、とても価値があること。

だから、お金を取ったほうがいい」と。

岩崎　それで、まずは雑穀栽培体験を1回1500円から始めたんです。たいへんだったのは、払う人ではなく、むしろ自分の気持ち。胸がザワザワするんです（笑）。お天気が読めないのもネックでした。3日後までは晴れるかな、くらいしかわからないから、直前まで「やるよ」と告知できなかった。

でも、思い切って、もっと早く、数カ月前には告知して、お料理付きで5000円で栽培体験を開催することにしたんです。こうして、ゆみこさんに一つひとつ教わりながら、有料講座を立ち上げていきました。

お金は社会の潤滑油、止めてしまうと経済も回らない

大谷　当時は「自分がお金を取ってやるなんて」って、まだまだブロックがありましたよね。

自分たちはお金を使って暮らしているし、収入がないと農業もできない。借金までして農業を続けている人もいるのに、お金をもらうことに抵抗がある人がとても多いのです。

でも、お金は潤滑油でエネルギー。動かさないと社会が止まってしまう。みんなが一、二、三でお金の流れを止めたら、経済は破綻してしまいます。

だから、使うべきところにはしっかり使ったほうがいい。畑に来てくれる人に、ちゃんと価値を与えて、その分をきちんと払ってもらう。そうじゃないと続かないよ、と話しました。

それで、1500円で始めたけれど、しばらくすると、その額では無理というのがわかって、5000円に値上げしたんですよね。

岩崎　そうしたら、5000円にしたところで、ポーンと急にお申し込みが来るようになったんです。しかも、遠方から！「私の提供するものを、求めてくださる方がいるんだ」という喜びと安心を感じることができました。

農・人・お金を循環させる「カタ」を創造する

大谷　野菜って、そんなに高く売れるものではないから、どの農家さんも苦労しています。

だから、信子さんが、5000円の雑穀栽培体験×つぶつぶ料理レッスンのコラボ講座を始めてしばらくしてから、他の人たちも「それ、いいね！」って真似するようになったんですよね。

岩崎　はい、小川町の米酒の会の1年のカタを参考に、自分でも雑穀栽培1年コースを組み立てた頃ですね。

インターネットでつぶつぶ料理のサイトができたのも大きかったです。

大谷 全国のつぶつぶ料理教室の情報を集約できるように専用サイトを作ったのです。それまでは、各教室に直接申し込む方式だったけど、専用サイトを通して参加者募集やお申し込みができるようになったことで、料理教室への人の流れが格段に増えました。

岩崎 ゆみこさんの天女セミナーで、生き方を教わって、私自身の意識が変わったのも大きな転機でした。特に、自分の価値をきちんと認められるようになったこと。

ゆみこさんが、「ご主人が家の芝生を綺麗にしてくれている、そこにも価値がある」と言ってくれて。自分の一つひとつに価値を認められるようになりました。

大谷 体験一つひとつに価値があるのだから、それをみんなにシェアして喜びを広げて、またもっとよい仕事をすればいいんだよ、という話をしました。

そうして、どんどん信子さんの教室に人が集まり出したら、小川町の人たちも、「ほう、うちもしてみようかな？」と、ちょっと覗きがてら参加するようになったんですね。

岩崎 「信子さん、どういうふうにやってるんですか？」と一番に訪ねてくださった農家さんは、その後、独自のノウハウで栽培体験を立ち上げています。

未来食を学びたいと訪ねてくる農家さんも。

うちで学んでくださった武蔵ワイナリーの奥さんは、ノンシュガーのスイーツを提供しています。生徒さんが帰りに立ち寄って、安心して美味しいものを楽しめる場所ができて嬉しいですね。

大谷　最初は「エェー！」と言っていた小川町の人たちが、今では未来食セミナー卒業生で溢れている状態。素晴らしいですね。

自分が持っている価値の棚おろしをしてみよう

大谷　料理以外にもいろいろな講師業の方がいますけど、自己肯定感が低いと、やっぱり収入が低いんですよね。

自分の価値だけで勝負するって確かに難しい。でも、つぶつぶ料理なら、地球の価値を皆さんに分けていると思えば自信もつきます。

料理教室を開くとき、みんなドキドキするというのですが、「未来食って本当にすごいから！未来食って私が創ったわけじゃなくて、地球推奨の料理で、この「ソフト」がすごいから大丈夫！」って教えています。

「料理コーチなんだから、すごい技術を持ってないといけないんじゃないか」「何でも知っていなきゃいけないんじゃないか」ってみんな緊張するけれど、「いいから、ただただ楽しんで！『ほら、スープできたでしょ〜』って言ってるだけでいいから」って（笑）。そうしたら、本当にみんなリラックスして楽しくなって、収入も上がっていったという実体験があります。

少し話がはずれますが、先ほど「天女セミナー」という講座が話に出ました。これは、未来食セミナーの後に始めたもので、食がわかっても、現実の社会で自分や家族でやっていくには、結構メンタルが必要なので、その方法や生き方そのものを教える講座です。

どちらかというと男性的な近代社会の中で苦しんでいる女性たちが、食を見直しながら、日本女性としての天性に目覚めるためにはどうしたらいいか？　天心で生きる女性を応援するセミナーです。

天女セミナーには信子さんも来てくれましたが、本当にすごいんです。未来食以上に人がポロッと変わってしまう。自分の価値、この世界の価値、地球の価値を理解することで、徐々にみんなのメンタルが上がっていったのです。

豊かさマインドへの転換を可能にした「仕組み」

大谷　30年前は、未来食のコミュニティでも、みんな「お金をもらって料理教室なんてできません」って言ってたんですよ。

岩崎　直接お金をもらうなんて、とてもできないっていう気持ちでした。お金くださいって言えないんです。

大谷　なぜか、みんなタダでやろうとしちゃう。安くやることが社会的にいい、っていう思い込みがあったんですね。だからやめていってしまった人もいます。「こんないいことを広めるのに、貧しい人が受けられないなんてよくない」って。

でも、そんなことをしてたら、誰も生きていけなくなってしまいます。自分はお金を使っているのに、他の人は払えないんじゃないかという勘違いがそこにはあります。それは傲慢なのではないか。

あとは、給料で生きてきた人には、自分が提供したサービスで人からお金を頂くという経験がそもそもない。だから、お金を直接もらうのに拒否感がある。お金は汚い、触りたくない。お金と向き合いたくないという気持ちを抱いてしまうんです。

岩崎「お金をもらいたい」と口にするのは悪いことと思っていました。料理教室に来てもらって、始めたはいいけれど、お金をいつ集めるか言い出せないということもありました（笑）。

大谷　つぶつぶ料理教室で専用のポータルサイトを作って、そこで応募や募集、参加費の支払いまでできるようにしたのは、そのためでもあります。

そうすると、お金のやり取りがゼロにできる。レシピも提供されるので、プリント作りもしなくていい。ただ「いらっしゃい」って料理すればいいようにして、料理コーチの負担を減らす仕組みを作りました。

岩崎　おかげさまで、料理教室を開くハードルがかなり下がりました。

大谷　ポータルサイト全体で広報もしています。講師の中で「私、チラシ作るの得意」という人にみんなで教わって、各自でも告知をしているから、いい感じになってきました。最初の頃の料理コーチたちは、そういうバックアップシステムもなかったから、たいへんでしたね。

でもそういうふうに、みんなでどんどん上がっていって、信子さんは、今年はなんとさらに年収5割増しになりそうな勢いですよね。

岩崎　はい、今では堂々と言っちゃいます！

視点が上がると、視野が広がる

岩崎　栽培体験の成功は、今から考えると、練馬区の体験農園での2年間で、たくさんの生徒さんがいる中で教えてくれていた農家さんを見てきた経験、それが大きかったです。

今、私は畑に立てば、ここの隅、あそこの隅にいる子どもたちや参加者さんの様子や、その人たちが今何を思って、どうしているのかが手に取るようにわかるんです。堂々と畑にいて教えることができている。

大谷　これが「視点が上がる」ということですね。視点が上がると３６０度ぐるりと見えるようになります。そうしないと、たくさんの人には教えられません。

信子さんのように、自給型の農で、３００坪耕せば、野菜や雑穀が相当収穫できる。本当に自給できちゃうんですよね。さらに、その体験を栽培教室としてみんなに見せたら収入が得られるって、この方法、みんな知りたいと思うんですよね。

料理教室と同じで、栽培体験の方法を教えられる人を増やすというのも大事。今は事情で都会を動けないという人も、畑に来て体験できるようにする。その中から、本当に雑穀栽培で成功したい！　という本気の人がどんどん出てくるかもしれません。

「こんなふうになればいいな」とずっと私が思っていた循環が、農耕天女と名乗る信子さんの手で現実化されつつあります。

断言！　農はお金がなくてもスタートできる

——今、全然別の仕事をやっていて、まったくお米も野菜も作ったことがないという人が農業経営に踏み出すには、まずどんなことから始めたらいいでしょうか？

岩崎　まずは自分で小さい菜園を作ってやってみる、種を蒔いてみる、その場に行ってみる。私がゆみこさんのアトリエに行ったみたいに、暮らしの場をオープンにしているところがあるので、そこに行って感じてみるというのも一つだと思います。

農業をやりたい方向けのビジネスが今、花盛りです。農家になりたい人のための学校もいっぱいあります。でも、学費を見ると、すごい金額！「絶対に稼げる成功的な農家になれます！」って宣伝していて、そこにポーンと行く人もいっぱいいます。だけど、農に一番必要なのは、実践です。とにかく種を蒔くこと。研修生を受け入れている小川町の農家さんも「とにかく現場を知ることだ」とおっしゃっていました。

この世界は分業システム　自分に合った農との関わりを

大谷　農業には、やっぱり向き不向きもあります。誰も彼もが種を蒔かなくてはいけないというわけではありません。栽培体験に繰り返しきて楽しむ人というのも、当然いていいと思います。

この世は分業なので、それぞれどこまでやるか、自分で決めればいい。

私は食と農の両方をやっていますが、どちらかというと、みんなの意識や心を耕すという役割を持っていると思います。

お料理に関しては、みんなが作ってくれるからいいや！　って最近はおまかせです。

信子さんだったら畑に出ること。

みんな「カタ」が違う。それぞれのカタで楽しく生きればいいのです。

こんなところが推せます！　雑穀栽培メリットいろいろ

大谷　３００坪規模の畑は、今だったらいっぱい借りられると思います。

雑穀がいいのは、水田がいらないので、ちょっと土地があれば栽培できること。

今、休耕地がいっぱいあって、畑や田んぼが荒れたままなことを悲しんでいる農家さんがいっぱいいます。そうした土地を耕してあげることで喜ばれるし、そうした畑に作物が実れば、もっと多くの人に喜んでもらえます。

47都道府県のあちこちで３００坪の畑がポコポコ咲いて、料理教室がその合間に咲いていったら、都会にいてもそこに気軽に触れにいける。あるいは、ちょっとずつ自分の生活を新しい方向に向けていける。いろいろな楽しみ方ができるネットワークが作れると思います。

岩崎「自分の実家に来るような気持ちで来てね」って、私の体験コースではいつも言っています。

ここにくれば種があるし、土に触れることもできるし、何なら何かあったら薪を燃やして暖もとれる。何かあったら東京からでも歩いてこられます。

大谷 今は実家がない人も多いですよね。だから、こうした実家のような場所を作って、お料理教室もできて、栽培までやる場が各地にできれば、本当にオアシス。食と情報の砂漠の中のオアシスです。そこを訪れれば、緊張も解けて本当にのびのびとできる。

ラクして喜びを広げる「ちゃっかりスタイル」

岩崎 雑穀のいいところは、農家でなくてもできること。大型の農機具がなくても栽培できることです。私の場合は、家族の協力もあるけれど、女性でもできるやり方でやっています。それでみんなのハードルがだいぶ下がったみたいです。「これならできそう」って。

大谷 あと、栽培体験を開くことで、実は自分の手間が省けている。

手間が省けて、収入が得られる。これを私は「ちゃっかりスタイル」と呼んでいます（笑）。

喜んでもらえるならそれでいいのです。

３００坪でも自分一人でやったらたいへんです。でも、みんなが喜んで草取りしてくれて、わいわい楽しんでくれるという、新しいエネルギーの回し方もあるのかなって思って。やっぱり分業ですよね。

私も、さすがに一人の人間ができることは限られているから、食だけでなく雑穀も育てたいという理想があっても全部はできません。うちは連れ合いが畑にいれば幸せみたいな人で、出世欲がまったくないタイプ。どちらかというとその瞬間瞬間を楽しむ人なんです。東京生まれのシティボーイなのに、雑穀栽培が大好きで、おかげさまで分業ができています。

そして、雑穀栽培を広げる部分では、農耕天女の信子さんが分業してくれている。ありがたいことです。

国際雑穀年の今年、世界の本当の豊かさを知り、命の主権を取り戻す！

大谷　今年２０２３年は、国際雑穀年です。
私が雑穀に注目しはじめたのと同時期の１９９７年に、木俣美樹男先生が、海外で同じような活動をしている人と一緒に政府に国際雑穀年を提案してくださいと請願に行った。そして回りまわって、26年ぶりに国際雑穀年になった。

誰かが蒔いた種はこうして必ず芽吹きます。

私の母がよく言っていました。「蒔かぬ種は生えぬだよ」。

種さえ蒔いておけば、自然や宇宙が育んでくれる。それぞれのサイクルの時期にちゃんと収穫期がやってくる。誰かが一所懸命、カタとして種を蒔いたことが実っていく。作物の豊穣な実りを見ていると、この世界って本当に豊かなんだなって思います。

物質的な豊かさはもちろん大切なのだけれど、もっと違う、本質的な豊かさを忘れているのはもったいないですね。私たちが住んでいる世界の本当の豊かさを知り、妄想の苦しみ、ありもしない苦しみを払う。それが食の技術です。

現代は、いろいろな情報に翻弄されて、自分の主権が自分にない状態です。食も企業のものになってしまっています。だから、まずは食の主権を自分に取り戻す。私たちの体が欲しがっていることや、食べ物や食べることの仕組みを知ると、主体的に生きられる。そうすると、結果的に命そのものの主権が取り戻せて、暮らしの主権も取り戻せます。

日本人がみんなそれをやれば、日本が江戸時代、植民地政策にいっさい負けずにいられたように、1億2000万人が飢えることがないんです。自信と誇りのある本来の日本人として、この世界を生きていけるのではないかなと思います。

岩崎　そのための第一歩として、ぜひ畑にいらしていただきたいです。大地や草木に触れると元気になる！　ということが肌でわかると思います。勇気を出して踏み出すあなたを大自然の中でお待ちしています。

――ありがとうございました。

あちこちで豊かな雑穀畑が広がっていく未来が目に浮かぶようです。みんなでチカラを合わせて、無限大の雑穀パワーで日本を元気にしていきましょう！

成功する
農・雑穀・田舎暮らし
11のポイント！

7. 豊かさを循環させるカタ、
夢見る生活を実現するためのカタ…
常識を横に置いて理想のカタを描いてみよう

8. お金を受け取れないと、
せっかくの素晴らしい農や料理も続いていかない
自分の価値を認めて、それにふさわしい
お金を受け取り、回していこう

9. 学び、悩み、試行錯誤した
経験すべてが宝物になる
まずは種を蒔くことから始めよう！

10. 作物を売るだけでなく、
栽培体験や料理教室とのコラボで
“体験”という価値を提供しよう

11. すべての人が農家にならなくてもいい
栽培体験への参加、料理、消費者…
いろいろなかたちで雑穀や野菜を作る
農家さんたちを応援しよう

1. まずは自治体の市民農園などを活用！
お金のかからないことから始めよう

2. 雑穀や野菜の栽培教室に参加して
育て方や人に教える方法を学ぼう

3. 場を整えよう！
すると人やお金が自然と入ってくる

4. 本当にやりたいことは、
損得勘定抜きでチャレンジしてみよう

5. 人や地域とのご縁を大切にしよう

6. どうやればいいかわからないときは、
ロールモデルとなる人を探して、
実際に訪ね、
その人のやり方を「転写」して、
自分独自の未来を描いてみよう

あとがき

大谷ゆみこ

雑穀たちと出会ったことで、私の中に眠っていた生きる力が目ざめました。

体という自然環境に、秩序とエネルギーをもたらす食べものが雑穀です。
生命エネルギーに満ちた雑穀つぶつぶ食で体を変えることは暮らしを変え、環境を変え、地球の未来を創り出していく力へとつながっていきます。

つぶつぶは、私が雑穀につけた愛称です。
雑穀は、私が物心ついた1960年頃には、ほとんどの人々の意識からも、食卓からも、すでにあとかたもなく消えてしまっていました。

あるきっかけで、細々とつくり続けられていた雑穀を口にしたときの衝撃のおいしさ体験は今も忘れられません。

色とりどりの雑穀の粒のキュートな美しさ、ふんわり口の中に広がるふくよかなおいしさは、コクがあってエネルギーに満ちたものでした。

「なぜ日本人は、こんなにおいしくてきれいなごはんを食べるのをやめてしまったのか」という強い疑問がわき上がると同時に、「この謎が解けたら、たった数十年で伝統の食文化をすっかり失い、体も心も病んでいる現代の暮らしを立て直すことができるのではないか」と、明るい未来への微かな予感もしました。

雑穀をメインモチーフに、料理の創作を思いっきり楽しむ毎日が始まりました。

雑穀を食卓に呼び戻すことで、私も、私の家族も、友人たちも、どんどん元気になっていきました。そして、私と食べものの関係は一変しました。

料理の時間は自然とダイレクトに遊ぶ一番の機会であることに気がついたのです。

料理を通して自然の移り変わりを感じる、水の大切さを実感する、お日さまのエネルギーを感じる、食べ物が育つ自然環境や生産者への思いを育む、地球の生命循環に思いをはせる、いのちの歴史を受け止める、食べものと体の関係を学ぶ……。

単なる栄養のかたまりと思っていた食べもの観がひっくり返って、食事のたびごとに大地と食べものと体のつながりをはっきりと感じることができるようになったのです。

そして雑穀をガイドに、私自身の日々の食と暮らしを問いなおす体当たりの旅がはじまりました。

食べ物を地面から自分で手に入れられる土地で、自然と一体になった暮らしをしてみたいという衝動がどんどん高まって、山形県飯豊《いいで》山麓での自給自足を目指した家族ぐるみの実験生活がスタートしました。

とはいえ、心の中はまだ不安でいっぱいでした。

「都会での消費生活しか知らない私が、山の暮らしに耐えられるだろうか。たった数日で嫌になってしまうのではないか」と自分自身を疑う気持ちのほうが強かったのです。

ところが、自然に抱かれての手づくりの暮らしがもたらす楽しさは、想像を超えていました。野山の幸を摘み、畑を耕して手に入れられるものだけで成り立つ食卓は、平和そのもの。毎日毎日が、発見と感動の連続、最初の微かな予感は日ごとに大きな確信へと変わっていきました。

特に、雑穀をはじめてこの手で育て、食卓にのせたときの喜びは言葉にあらわせません。ドキドキしながらの種まき、芽が出たときの喜び、すくすくと育っていく姿の愛しさ、穂がふくらみ顔を出し、花が咲いて熟していく過程は、なにものにもかえられない心躍る楽しみをもたらしてくれました。

こんなに楽しい発見を独り占めにしておくのはもったいない、と雑穀に「つぶつぶ」という愛称をつけ、栽培法や料理法を伝える活動をはじめました。

大地と直接つながった暮らしの豊かさを伝えるために、毎年毎年四季折々に「いのちのアトリエ」と名付けた我が家での暮らしを丸ごと宿泊体験できる「オープンハウス」を開催してきました。

岩崎信子さんは、このオープンハウスに参加することで自分の本当の望みを見つけ、それ以来着々と夢の実現を家族ぐるみで楽しんできました。

つぶつぶ料理教室を軌道に乗せながら、大地の再生に取り組んで、のびやかに大地とつながる暮らしを楽しみながら、楽々と経済を回せる型《カタ》を成功させました。

この型を使って、豊かな田舎暮らしを楽しむ仲間がどんどん増えていったら、雑穀の実る畑が日本中に生まれて、日本の自給率を大きく底上げすることができます。同時に日本人の健康も蘇ります。

農耕天女と名乗って、先駆的に食卓と畑のつながった暮らしと経済循環の型を切り拓き実績をあげている私の探検仲間、つぶつぶ料理コーチ&雑穀栽培インストラクターの岩崎信子さんの軌跡とその成果、これからの夢を広く伝えたいという願いから、本書が誕生しました。出版を快諾してくれたヒカルランドの石井健資社長、編集担当の小澤祥子さんのおかげで出版が最高の形で実現しました。

ここに感謝を記します。

多くの方が本書を手に取って、大地とつながるワクワクの未来食生活に踏み出すことを願っています。

2023年1月

白銀に包まれたいのちのアトリエにて

岩崎信子

（いわさき のぶこ）

未来食つぶつぶ　畑へおいで！ 主宰
畑と食卓をつなぐ！ 雑穀栽培体験ネットワーク代表
つぶつぶマザー／未来食セミナー講師
株式会社ホットビジョン取締役

2006年有機農業の里・埼玉県小川町に移住し、雑穀栽培17年、お米は16年自給している。料理教室・セミナーを通算700回以上開催、受講生は8000人以上。
1963年生まれ。オートバイで日本一周一人旅が趣味。女性ライダークラブのリーダーを15年務め、世界一過酷なラリーに参戦。2003年につぶつぶと出会い家族で暮らしの大転換！ 現在は、農耕天女として雑穀の育て方、食べ方を伝える農業体験と料理教室を実施。年間1200人以上が全国から通う。つぶつぶ栽培者ネットメンバーとして、つぶつぶに雑穀を出荷している。田舎での仕事創造のモデルとしてもその魅力を伝えている。

・雑穀栽培体験×つぶつぶ料理教室
「未来食つぶつぶ 畑へおいで！」

・「未来食つぶつぶ 畑へおいで！」公式LINE
雑穀畑の様子をお届けしています。
お友達になってね♪

大谷ゆみこ

（おおたに ゆみこ）

未来食つぶつぶ創始者 暮らしの探検家
株式会社フウ未来生活研究所CEO
一般社団法人ジャパンズビーガンつぶつぶ（JVATT）創立者
日本ベジタリアン学会理事

1982年より心身の健康を高める食スタイルの実践研究を開始し、1996年に出版した著書『未来食／環境汚染時代をおいしく生き抜く』で「食といのちのバランスシート」を発表、日本ベジタリアン学会に英語論文が受理され、最高位資格のベジタリアンマイスターを取得。和食の原点に根ざした雑穀が主役の砂糖を使わない新しいビーガン食スタイル「未来食つぶつぶ」の啓発普及活動に取り組んでいる。創作したレシピは3000を超え、1万教室を目指してつぶつぶ料理教室ネットワークを育成運営している。著書は『未来食』『7つのキーフード』『野菜だけ？』『ごはんの力』『雑穀で世界に光を』、共著に『つぶつぶ雑穀パンレッスン』『ヴィーガン／完全菜食があなたと地球を救う』等40冊を超える。

・公式ブログ
「輝いて生きる！ 食と生き方のレシピ」

・公式YouTubeチャンネル
「輝いて生きる」

・大谷ゆみこメール講座全13回無料配信
「体の力 × 心の力 × 食の力」

一反（300坪）の雑穀畑×未来食で
年収1000万超えの
楽々田舎暮らし

第一刷　2023年4月30日

著者　岩崎信子
大谷ゆみこ

発行人　石井健資

発行所　株式会社ヒカルランド
〒162-0821 東京都新宿区津久戸町3-11 TH1ビル6F
電話 03-6265-0852 ファックス 03-6265-0853
http://www.hikaruland.co.jp info@hikaruland.co.jp

振替　00180-8-496587

ブックデザイン　ニマユマ

校正　麦秋アートセンター

本文・カバー・製本　中央精版印刷株式会社

DTP　株式会社キャップス

編集担当　小澤祥子

ISBN978-4-86742-250-2

不思議・健康・スピリチュアルファン必読！
ヒカルランドパークメールマガジン会員とは??

ヒカルランドパークでは無料のメールマガジンで皆さまにワクワク☆ドキドキの最新情報をお伝えしております！　キャンセル待ち必須の大人気セミナーの先行告知／メルマガ会員だけの無料セミナーのご案内／ここだけの書籍・グッズの裏話トークなど、お得な内容たっぷり。下記のページから簡単にご登録できますので、ぜひご利用ください！

◀ヒカルランドパークメールマガジンの登録はこちらから

ヒカルランドの新次元の雑誌「ハピハピ Hi-Ringo」読者さま募集中！

ヒカルランドパークの超お役立ちアイテムと、「Hi-Ringo」の量子的オリジナル商品情報が合体！　まさに“他では見られない”ここだけのアイテムや、スピリチュアル・健康情報満載の１冊にリニューアルしました。なんと雑誌自体に「量子加工」を施す前代未聞のおまけ付き☆持っているだけで心身が“ととのう”声が寄せられています。巻末には、ヒカルランドの最新書籍がわかる「ブックカタログ」も付いて、とっても充実した内容に進化しました。ご希望の方に無料でお届けしますので、ヒカルランドパークまでお申し込みください。

量子加工済み♪

お待たせしました
Vol.2 刊行！

ヒカルランドパーク
メールマガジン＆ハピハピ Hi-Ringo お問い合わせ先
- TEL：03－6265－0852
- FAX：03－6265－0853
- E-mail：info@hikarulandpark.jp

・メルマガご希望の方：お名前・メールアドレスをお知らせください。
・ハピハピ Hi-Ringo ご希望の方：お名前・ご住所・お電話番号をお知らせください。